U0798783

weilai jiyi qianneng kaifa

未来记忆

——潜能开发——

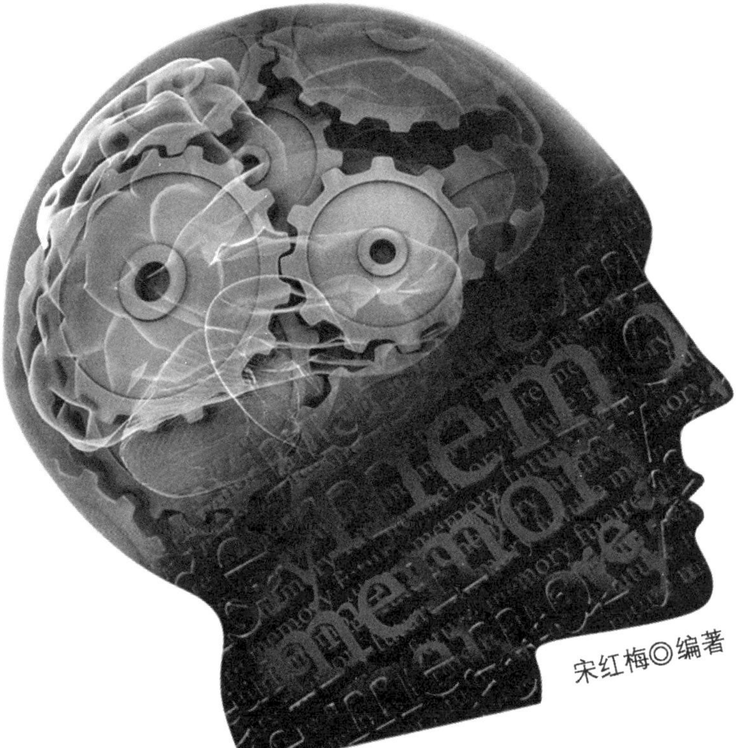

宋红梅◎编著

人生就是一部作品。谁有生活理想和实现它的计划，谁就有好的情节和节尾，谁便能写得十分精彩和引人注目。

——莎士比亚

有了**好的构思**，并相信自己能够实现它，你就已经**成功了一半**。如果再加上**正确的行动**，那么，**美好的未来**就会在前方热情地迎接你。

地震出版社

图书在版编目（CIP）数据

未来记忆潜能开发/宋红梅编著．—北京：地震出版社，2013.6
ISBN 978-7-5028-4206-2

Ⅰ.①未…　Ⅱ.①宋…　Ⅲ.①记忆能力－能力培养
Ⅳ.①B842.3

中国版本图书馆 CIP 数据核字（2013）第 029075 号

地震版　XM2670

未来记忆潜能开发

宋红梅　编著

责任编辑：范静泊
责任校对：孔景宽

出版发行：地震出版社
北京民族学院南路 9 号　　邮编：100081
发行部：68423031　68467993　　传真：88421706
门市部：68467991　　传真：68467991
总编室：68462709　68721982　　传真：68455221
http：//www.dzpress.com.cn
E—mail：seis@mailbox.rol.cn.net

经销：全国各地新华书店
印刷：九洲财鑫印刷有限公司

版（印）次：2013 年 6 月第一版　2013 年 6 月第一次印刷
开本：787×1092　1/16
字数：287 千字
印张：20
书号：ISBN 978-7-5028-4206-2/B（4894）
定价：35.00 元
版权所有　翻印必究
（图书出现印装问题，本社负责调换）

前　言

在路易斯·卡洛尔的小说《爱丽丝漫游奇境记》中，讲述了一个时间顺序颠倒的国度，书中王后曾说人的记忆有两个方向，她说：“人的记忆是有两个方向的，只记得过去而不记得未来的人，是可怜的。”

也许我们会觉得那只是童话故事里的遐想，然而，美国康奈尔大学的社会心理学家达里尔·贝姆博士进行的一系列科学研究认为，童话真的可能变成现实，我们的大脑不但可以回忆过去、更可以预见未来、创造未来。

这个看似非常简单的结论，对于我们更好地享用自己的人生的影响却可能是非常重大和深远的。根据这种理念，世界著名潜能开发大师安东尼·罗宾提出了“未来记忆”的理念：不为过去的失败所笼罩、不为现在的困难所迷茫，精心规划自己的未来，认真勾画明日的蓝图，真切地想象将来会发生的美好事情，自己会变得多么成功和快乐，然后采取积极有效的行动，努力去发掘自身的潜能，你所“记忆”的美好未来，就会展现在你的面前！

世界上的很多成功者，都是自觉或不自觉地运用“未来记忆”的人。在你采取任何一个行动时，都要和理想的未来生活联系在一起。这样，你的行动就会更加积极有效。

人生就像是一局保龄球，而成功也就是那些静静等待的球瓶，我们一生中所有的选择和努力，都是站在一定距离以外，尽量做出最完美的一掷，努力打一个大满贯。也许很多人都认为，球脱手的刹那，也就是将它交给命运了——到底能不能击中，能击中多少，只能听天由命了！

然而，掌握了“未来记忆”理念，我们就会理解，实际上是打球的人，而不是其他因素决定了得分。即使在球脱手之后，也从来没有离开过人的控制，它的方向、速度、轻重，早在出手以前，便被精确计算和规划好了。每一个大满贯，都不是一件偶然的事。每一次精准的打击，背后都包含了玩家许多的经验、智慧和力量。输和赢都在自己的掌心，与天意无关。

不要怨天忧人，认为别人的运气好，你的运气不好。请相信，被称作“运气”的东西，是公平地分配给我们每一个人的。我们每一个人都在为自己创造命运。假如你认为自己的运气不好，是因为你努力的方法不对。事实上，“幸运儿”们所持的生活态度是积极主动的，他们早就为幸运的来临做好了准备。他们的好运是由于他们一贯的行为方式带来的。

最重要的，不是我们现在在什么地方，拥有什么样的条件，而是我们正在朝着什么方向迈进，在付出什么样的努力！积极进行未来记忆潜能开发，你的美好憧憬就会成为现实！

目　录

第一章　树立有助于产生未来记忆的成功者的态度

成功者之所以能成功，不仅是因为他们具有超越常人的才华，更为重要的是因为他们拥有决定人生成败的正确态度和良好心态。最富有成就的人就是依靠他们自己的自信、智慧和能力取得成功的。好的心态有助于人们克服困难，即使受到挫折与坎坷时，依然能够保持乐观的情绪，保持旺盛的斗志。信念好比航标灯射出的明亮的光芒，在浩淼的人生海洋中，牵引着人们走向辉煌。如果一个人敢于面对和挑战未来，那他就能掌握自己的命运。这比起那些消极等待命运来临的想法更能让人激动。记住：要想事情改变，首先要改变自己的态度！

第二章　制订合理的目标，促成美好的未来记忆

蒙田说："一个人最伟大和华丽的乐章，就是知道如何有目标地生活。"人生的悲剧不在于没有实现目标，而在于没有目标可实现。为了获得理想的人生，一定要想清楚：谁在掌控我们的人生？我们究竟是等着别人丢给我们的一切，还是去获得自己想要的一切？要得到自己想要的，首先就得知道我们想要的是什么，然后靠自己去争取。如果你想要获得成功和快乐，就设定一个目标，这个目标要能指挥你的思想，释放你的能量，激发你的希望。

第三章　让自己积极行动起来去强化未来记忆

管理大师彼得·杜拉克说：“预言未来的最可靠方法，就是创造未来。”成功者与失败者的最大差别往往不在于知，而在于行。如果只是设定目标而不去行动的话，那它永远只能是幻想。成功取决于行动，行动重于一切。伟大的生活目标不是目标，而是行动。只有你的行动，才能决定你的价值。大多数人距离他们的目标，只缺少一个正确的决定。而且对大部分人来说，这个正确的决定其实就是下决心对自己说：“我决定展开行动，追求目标。”

第四章 持之以恒，追求卓越，面向未来

一个人能否实现远大的理想，能力并不是主要的，最重要的是决心和毅力。实现梦想的秘诀就是多一点点的坚持，多一点点的努力。人的潜力是无穷的，只要你有志气，有抱负，有才气，又能屡挫屡奋，持之以恒，几乎什么困难都阻挡不住你，什么样的荣耀都可能属于你。俗话说："功到自然成。"肯于不懈努力的人，终究能够冲破重重障碍，到达理想的彼岸。

第五章　用时间和效率创造美好的未来

黑格尔说：“抓住时间，以改善自己、改善环境、改善世界，就是生命的意义。”成功与失败的最明显的界线，在于怎样分配时间，怎样安排时间。我们的生命时常消耗在对明天的期待上。这样，我们就忘记了要好好利用眼前的时光。时间的价值就像金钱的价值一样：完全体现在如何使用上。舍不得花费时间去获取更多的幸福，去使更多的人幸福的人，就是虚度年华。如果你希望出类拔萃，那么，你必须重视时间的价值。善于运用时间的人，对自己一生中的每一天、每一月、每一年的工作和学习，都有一个整体安排。

第六章　改变对自己的消极看法，激发积极的未来记忆

一位哲人指出："要有自信，然后全力以赴——假如具有这种观念，任何事情十之八九都能成功。"自信是一根柱子，能撑起精神的广漠天空；自信是一片阳光，能驱散迷失者眼前的阴影。"心"与"力"是决定成功最重要的两大因素。心有余而力不足不能成功，力有余而心不足也不行。在生活中，要努力成为一个自信和坚强的人，不管发生任何事情，都要赶走自己的悲观和自卑，摆脱自己的负面情绪，要相信自己是最好的。这样，才能更好地去发展自我，实践自己的人生理想。

第七章　依靠奋发向上的未来记忆跨过人生的种种障碍

梦想和现实之间，总有那么一段距离。在实现梦想的过程中，总会遇到种种障碍。只有充分相信自己，敢于依靠自己坚定的信念去拼搏的人，才可能成为生活的幸运儿。福楼拜说：“人的一生中，最光辉的一天并非是功成名就那天，而是从悲叹与绝望中产生对人生的挑战、以勇敢迈向意志那天。”不要逃避困难或恐惧的事情，更不要轻易被恐惧的事情所吓倒；坦然地面对恐惧，积极地寻找对策，才可能有效地消除各种危机，不断走向灿烂的人生。

第一章

树立有助于产生未来记忆的成功者的态度

成功者之所以能成功，不仅是因为他们具有超越常人的才华，更为重要的是因为他们拥有决定人生成败的正确态度和良好心态。最富有成就的人就是依靠他们自己的自信、智慧和能力取得成功的。好的心态有助于人们克服困难，即使受到挫折与坎坷时，依然能够保持乐观的情绪，保持旺盛的斗志。信念好比航标灯射出的明亮的光芒，在浩淼的人生海洋中，牵引着人们走向辉煌。如果一个人敢于面对和挑战未来，那他就能掌握自己的命运。这比起那些消极等待命运来临的想法更能让人激动。记住：要想事情改变，首先要改变自己的态度！

只要愿意付出努力
就能改变不如意的生活

也许每个正常的人都曾想象过，要改变自己的生活状况，以摆脱种种的不如意。但是，很少有人会采取积极有效的行动，因为绝大多数人实际上并不知道究竟要做些什么，如何去做。

一个人最重要的东西是自己的生命。因此，我们首先要对所拥有的生命负责。如果我们对生命给予仔细的照顾，生活就会变成我们所向往的样子；如果我们忽视自己的生命，生活就会以一种我们所不希望的样子出现！

实际上，改变不如意的生活，获得成功，并不像很多人所想象的那么难。

多年前，一位韩国学生到剑桥大学主修心理学。在喝下午茶的时候，他常到学校的咖啡厅或茶座听一些事业有成的人士聊天儿。这些成功人士包括诺贝尔奖获得者、某一些领域的学术权威和一些创造了经济神话的人。这些人幽默风趣，直率而健谈，把自己的成功都看得非常自然和顺理成章。

时间长了，这个学生发现，在国内时，他被一些成功人士欺骗了。那些人为了让正在创业的人知难而退，普遍把自己的创业艰辛夸大了——也就是说，他们在用自己的成功经历吓唬那些还没有取得成功的人。作为心理系的学生，他认为很有必要对韩国成功人士的心态加以研究。随后，他把《成功并不像你想象的那么难》作为毕业论文，引起了很大轰动。

“成功并不像你想象的那么难”鼓舞了很多人。它从一个新的角度告诉人们，成功其实很简单：不管你的天赋如何，只要你愿意对自己的生命负责，只要你对某一事业有兴趣，或者有自己的优势，长久地坚持下去，你就会有收获。美国最成功的广告人之一S·肯尼迪的人生经历就生动地诠释了这一点。

S·肯尼迪曾这样说道：

“近20年来，我做专业演讲师，每年都可以获得几万美元的回报。但我小时候却结巴得厉害，我很害羞，不善于与他人相处。当我刚开始演讲时，我浑身不对劲，极不舒服。我早期录制的演讲磁带，有的声音十分糟糕——如果现在能在市场上发现的话，我都想把它们买回来毁掉。我现在大部分时间靠写书维持生计。我出版过6本书。我自己出版的书籍、使用手册、课程等等，远销世界各地，每年赚钱超过百万元。每年有成千上万的人愿意掏钱订我的刊物。可是我还记得，当年我在学校里的写作成绩得的却是C，新闻学成绩是B。我在中学时，语文老师都建议我将来做个管道工人，后来也有人给过我类似的建议。

“我想，所谓的‘天赋’这种想法和问题根本不相关。才华究竟是遗传得来的，还是后天培养而成的？这一问题的争论也不相干。倒不一定是无稽之谈，只是不相关而已。如果你受限在某一领域中，如果你真的没有天赋，只要你肯干，还是有补救的机会。如果你很想在某个领域出人头地，又恰巧在该领域具有‘天赋’，那就太值得可喜可贺了。不管你身处哪种情况，你决心要做的事情，十有八九都能实现。”

大多数的成功人士尽管在各自的领域里表现卓越，看起来轻松自如，但他们绝对不是天生就做得到的。比如，英国“维金航空公司”的理查德·布朗森，称得上是最成功、最杰出、最知名的企业家之一。这25年来，他涉足的领域无不火爆。作为资产数百万的企业集团首脑，他真是令人不可思议，他在自己家里运筹帷幄，连计算机都不会用，全靠纸和笔记本，又常常喜欢一头扎进自己完全不了解的行业中去。最有意思的是，他从19岁以来，就深受众人瞩目，他多半靠鲜明的自我推销个性及媒体的报道，成功地经营自己的企业。然而，私下里他却很害羞，表达能力也有时含糊不清。在中学时他曾辍学，丝毫没有成就今日事业的教育背景。尽管几十年来他也频频接受采访、在电视上抛头露面，公开演讲，但他显然对这一套觉得很不自在。一位熟悉他的作家认为，布朗森缺乏安全感和不自在的感觉，来自于他小时候在学校时成绩不好，书也没念完。因此，如果把布朗森的成功说成是“天生的”，实在是不可能的。尽管如此，布朗森还是成为了亿万富翁。

如果你很想做某件事，却有人告诉你缺乏这方面的天赋，你不一定要信以为真。你不妨放开手脚去拼一把。你不去亲自试一试，怎么能知道你具备哪方面的天赋呢？

你过去对自己天赋及能力的看法，你过去发挥或缺乏天赋及能力的经验，别人对你的天赋及能力的意见等等过去的一切，都可能影响你的前途，你不应该任由这一切主宰你。你应该自己把握、决定你的未来。

你应该根据你个人的个性特点及想达到的目标，再决定你应不应该做某一行。事实上，有些关于工作的金玉良言，都是建议你想成为什么样的人，再朝哪个方向发展。因为你的努力会促使你达到既定目标。关键是你要愿意付出努力，付出心思，去精心选择和规划你的人生。

积极的心态有助于获得充实、自在的生活

美国著名心理学家威廉·詹姆斯教授指出："我们这个时代最伟大的发现就是：人类可以通过改变他们的心态来改变他们的生活。"生活中生活得成功的人，往往都拥有积极的心态。积极的心态是个体情绪状态良好且稳定的保证。一个人的心态可以通过作用于情绪影响到我们的行为表现，进而决定我们的成败得失。人与人之间只有很小的差异，但这种很小的差异，却往往造成了巨大的差异！很小的差异，就是所具备的心态是积极的还是消极的；巨大的差异，就是成功与失败。

从某种角度来说，我们都想在生活中成就一番事业。然而，我们必须面对这样一个事实：在这个世界上，成功卓越者少，失败平庸者多。成功卓越者活得充实、自在、潇洒；失败平庸者过得空虚、艰难、猥琐。

我们怎样对待生活，生活就怎样对待我们。我们对于生活的基本态度，在很大程度上决定了我们最后将有多大的成就，这比任何其他的因素都重要。

越来越多的心理学家相信，每个人的特性都是由思想造成的。我们的命运完全决定于我们的心理状态。著名作家爱默生说："一个人就是他整天所想的那些。"

在生活中，我们所必须面对的最大问题，就是如何选择正确的思想。如果我们能做到这一点，就几乎可以解决所有的问题。

通常，如果我们想的都是快乐的念头，我们就能快乐；如果我们想的

都是悲伤的事情，我们就会悲伤；如果我们想到一些可怕的情况，我们就会害怕；如果我们想的是不好的念头，我们恐怕就不会安心了；如果我们想的净是失败，我们就会失败；如果我们沉浸在自怜里，大家都会有意躲开我们。

这么说，是暗示我们，对于所有的困难，都应该用习惯性的乐天态度去对待吗？不是的。生命不会这么单纯。不过，大家应选择正面的态度，而不要采取反面的态度。换句话说，我们必须关切我们的问题，但是不能忧虑。关切和忧虑之间的分别是什么呢？关切的意思就是要了解问题在哪里，然后很镇定地采取各种步骤去加以解决，而忧虑却是因为觉得无计可施而发疯似地在小圈子里打转。

人的心态随着环境的变化，自然地形成积极的和消极的两种。思想与任何一种心态结合，都会形成一种“磁性”力量，这种力量能吸引其他类似的或相关的思想。

这种由心态“磁化”的思想，好比一颗种子，当它培植在肥沃的土壤时，会发芽、成长，并且不断繁殖，直到原先那颗小小的种子变成了数不尽的同样的种子。

这就是心态之所以产生重大作用的原因。积极的心态，能够激发起我们自身的所有聪明才智；而消极的心态，就像蛛网缠住昆虫的翅膀、脚足一样，束缚我们才华的光辉。有一首诗对这种理念有这样的描述：

如果你认为被击败了，
那你必定被击败。
如果你认为不敢，
那你必然不敢。
如果你想胜利，但你认为你不可能获胜，
那你就不可能得到胜利。
如果你认为你会失败，
那你就已经失败。

追求“美国梦”的黑人将军柯林·鲍威尔在他的畅销书《美国之路》

中，列举了30条他严格恪守的生活准则，其中有不少体现了乐观主义的基本价值。它们包括：千万不要把事情想象得那么糟；也许明天早晨它就会有转机；这事儿能做！不要让任何不利的事实来妨碍你做出一个好的决定；不要向自己的恐惧退让，也不要轻易向对手妥协；永远的乐观主义，是一个力量的加倍器。

像鲍威尔这样的乐观主义者，总是相信权力和控制出自他们自身。无论你自身条件如何恶劣，只要你拥有积极的人生观和乐观的心态，你就可能达到成功的彼岸。反之，无论你自身条件如何优秀、机会如何千载难逢，若你自身没有乐观积极的心态，则你的失败是必然的。

在内心牢牢树立起成功者的态度

从很大程度上可以说，你的人生只有 10%由你的经历和遭遇决定，而 90%由你面对它们的态度决定。成功者的态度说起来简单，实际上内涵是比较丰富的。有关学者指出，为了树立成功者的态度，我们参考和必须奉行如下几个重要的原则：

(1) 有勇气改变自己的命运

有播种才有收获。我们所得的报酬取决于我们所付出的努力和所做出的贡献。你一定会为自己在生活中的位置或者荣获赞誉或者蒙受耻辱。有责任心的人相信自己能努力改变生活，他们关注的是那些束缚自己的枷锁，在关键的时刻，他们会努力掌控自己的命运。

乔·索雷蒂诺在市中心的居民区长大，是一伙小流氓的头儿，并在少年教养院待过一段时间。但是，他一直记着一位七年级教师对他在学术方面能力的信任。他觉得自己成功的唯一希望，就是抛开他那可怜的中学历史，完成学业。于是，他在 20 岁的时候重返夜校，继续在大学就读，并在那里以优异成绩毕业。接着，他又全修了哈佛法律大学的课程，成了洛杉矶少年法庭一位出色的法官。假如乔·索雷蒂诺没有勇气改变自己的命运，那么，这一切都是不会发生的。

(2) 发现自身的财富

维克多·弗兰克曾是个多虑的人。但是，那一年的春天，他走过韦布城的西多提街道，有个景象扫除了他所有的忧虑。

事情的发生只有十几秒钟，但就在那一刹那，弗兰克对生命意义的了解，比在前10年中所学的还多。那两年，他在韦布城开了家杂货店，由于经营不善，不仅花掉所有的积蓄，还负债累累，估计得花7年的时间偿还。弗兰克刚在上星期六结束营业，准备到“商矿银行”贷款，好到堪萨斯城找份工作。他像只斗败的鸡，没有了信心和斗志。突然间，有个人从街的另一头过来。那人没有双腿，坐在一块安装着溜冰鞋滑轮的小木板上，两手各用木棍撑着向前行。他横过街道，微微提起小木板准备登上路边人行道。就在那几秒钟，他们的视线相遇。弗兰克见他坦然一笑，很有精神地向自己招呼：“早安，先生。今天天气真好啊!”

弗兰克望着他，体会到自己是何等富有：我有双足，可以行走，为什么却如此自怜？这人缺了双腿仍能快乐自信，我这个四肢健全的人还有什么不能的？

弗兰克挺了挺胸膛，本来预备到“商矿银行”只借100美元，现在却决定借200美元；本来说到堪萨斯城想找份工作试试看，现在却很有信心地宣称：我到堪萨斯城去找一份新的工作！结果，弗兰克借了钱，找到了工作。

从此，弗兰克把下面一段话写在洗手间的镜面上，每天早上刮胡子的时候都念它一遍：

我闷闷不乐，因为我少了一双鞋；

直到我在街上，见到有人缺了两条腿。

(3) 发现自己的才能，追求自己的目标

生活中许多人之所以不能取得成功，或者成就不大，有很大一部分原因，就是这些人不能认识自己所处的环境和自身条件，结果许多人盲目地去做自己不适宜做的事，失败或成就很小乃是必然的事。

当人生下来时，人的智力有高下，在不同的社会背景下成长，会表现出能力上的差异。好在社会对人才也有多层次的需求，既需要工程师、科学家，也需要售票员、清洁工，“三百六十行，行行出状元”，每个人都应该在社会中找到自己的位置。

每一个人都应该努力根据自己的特长来设计自己、量力而行。根据自己的环境、条件、才能、素质、兴趣等，确定进攻方向。不要埋怨环境与条件，应努力寻找有利机会；不能坐等机会，要自己创造机会；拿出成果来，获得了社会的承认，事情就会好办一些。

(4）不逃避现实——要适应

成功、思想和身体素质的关键是适应性。在压力之下，许多人会变得沮丧，失去对生活的向往和追求。而沉溺于酗酒，大量地吸烟或依赖镇静药剂，以帮助自己抗争。酒精和其他抗忧虑药可以暂时减少人们对失败和痛苦的畏惧心理。但也阻碍了我们去学会承受这些压力。

适应生活压力的最好方法之一，就是简单地把它们作为正常的东西加以接受。生活中的逆境和失败，如果我们把它们作为正常的反馈来看待，就会帮助我们增强免疫力，防御那些有害的、不适当的反应。只有适应了生活的压力，才可能更好地发展自己。

建立起能引导自己迈向卓越的信念

我们的生活是由自己选定的，不管是有意或是无意。信念是卓越的根基，而我们的信念，使我们能以特别的、前后一致的方式去认识一切。信念是对生命认知、生活方式所做的最基本的选择。因此，要迈向卓越的第一步，就是要找出能引导我们迈向心愿的信念。

成功之道包括知道自己的目标、每一步的结果、变通的弹性，坚持不懈的努力等等。建立信念也得遵循相同的途径，你得找出能助你成功、让你达成心愿的信念。如果你的信念与其相悖，就得丢弃，并另寻其他相适应的信念。

追求卓越的信念有很多，美国成功学大师安东尼·罗宾认为如下几个信念十分重要：

(1) 相信自己大有可为

每件事的发生一定有其原因和目的，并且有益于你。一般地说，成功者都拥有神奇的能力，留意任何情况中的可能性，找出有利因素。不管他们的环境是多么恶劣，总认为事有可为。他们认为任何事情的发生是有原因的，必对自己有益。他们相信，在任何逆境里，总有可以利用的机会。

杰出的人具有上述想法，请你也用相同信念鼓励你自己。在任何情况中，都有许多应变的方法。假设，你失去了一笔盼望许久而深信必能得到的生意，你可能会难过或沮丧，坐在家里发愣或外出买醉。你甚至于会生闷气，骂那抢生意的公司，或埋怨自己公司的人无能。

这些行为或许可以让你的气稍消一些，但无济于事，因为那并不能让你重新获取生意。聪明的做法是极力重新调好脚步，检讨过失，亡羊补牢，再去寻找其他的新机会，这才是扭转乾坤的唯一之道。

玛丽莲·汉弥尔顿曾担任教师并当上过选美皇后，后来成为了加州佛瑞斯诺市的成功商人。她在 29 岁那年，玩滑翔机失事，坠落悬崖，虽侥幸不死，但自腰部以下瘫痪，终身离不开轮椅。

玛丽莲是可以为此遭遇自怜自艾的，但是她没有，她反而去注意找在她面前的诸多可能，决意找出这场悲剧背后的机会。自从她坐上轮椅就不太满意，总觉得它不太方便。或许作为健康的人，我们不能体会出轮椅的实用性，但是玛丽莲认为自己可以设计出更好的轮椅。于是，她召集两位制造滑翔翼的朋友，开始制作新轮椅的样品。

他们为自己的公司取名为“动作设计”公司。不久，公司年营业额就达到了数百万美元，并被优选为加州中小企业楷模。

我们不知道玛丽莲是否首有意决定她要的信念，但她的做法显示出对可能性的认同，相信她能有所为。可以说，几乎所有伟大的成功就是来自与此相同的信念。

花点儿时间再想想你的信念。通常你对事情的期望是好，还是坏？在艰难环境中，你看见的是自己的潜能，还是路上的绊脚石？不幸的是，许多人悲观多于乐观。要想改变人生的第一步，就是认识改变的本质。若心存无力感，便会成为没有能力的人。要想改变，就是消除无力感，从相信自己办得到开始。那些杰出的人士，就是那些能看见良机的人，哪怕他们走进沙漠，也能寻找到花园。不可能吗？那么，玛丽莲是怎么办到的？如果你强烈地相信可能，就有可能达成！

（2）没有失败，只有结果

住在纽约的一家人，到东南亚旅行，一路上平平安安，顺顺利利，只是自机场南下回家的途中，遇上连环大车祸，迟了五六个小时才到家。当他们抵家的时候，面对来迎接的亲友，连呼倒霉不已。

这时一位老人赶来了。在一片倒霉气氛中，向他们道贺说："这样大的车祸，死伤这样重，你们全家都平安回来，这不是天大的福分吗？"

天下事，得失成败祸福，全在一念之间。

许多人深怕"失败"，然而常常就是有许多天不从人愿的时候，像功课不及格、失恋、计划泡汤等等。我们不应该把这种情况称作失败，而应该称其为"结果"。这个字眼是成功者所相信的。在他们的眼里，没有失败，只有结果，失败是动摇不了他们的。

只有追求结果的人，才能获得最后成功。成功的人不是从不失败，他们也有劳而无功的时候。但他们认为那是学习经验的机会，借用这个经验，再另起炉灶才得到新的结果。

仔细想一想，你每天能比前一天增加的一种资产或利益是什么？答案中应该有"经验"吧！害怕失败的人，内心产生畏惧不前的心理，不敢下手去做，不可能成功。你是否害怕失败？如果你害怕失败，就要学会调整自己的观念。

马克·吐温曾经说过："年轻而悲观，是最悲哀的事。"他说得很对，当人心存失败的想法，无异于保证将一辈子碌碌无为。可是有伟大成就的人，却不把失败放在心上，他们不容许任何有害身心的消极思想存在。

赢家、领导者、大师以及拥有一定智慧的人都懂得，如果徒劳无功，那是表示得另谋他途，才能达成心愿。福勒曾说过："人类的一切学习，都是来自不断错误的经验，也就是从错误中学习。"这句话说得很对，我们的确是从自己的错误中得到经验，有时候从他人的错误中学习。在此请你回想一下，从你一生中找出五种你称之为最大的"失败"中，看看学到了些什么？相信这些经验一定是你人生中最宝贵的教训。

（3）不论发生什么，都勇于负责

成功者共有的另一个特征，就是相信他们在改造环境。也许你曾多次听过“我是主事者，我负全责”这句话，希望你不要认为那是偶然的。聪明的人都相信，无论发生什么，是好是坏，都是他们自己做的，即使不是亲手做的，也或多或少影响过别人。各人的人生经验，不论是有形的行为或无形的观念，都是自己经历过的，可以让我们从中学习。如果你不相信你正在改变环境，不管那环境是好是坏，那么，你就是环境的奴隶、生活的奴隶。

勇于负责是衡量个人能力及成熟度的最佳方法之一，由此也可看出他其他的信念，考验他是否是愿意为改变命运而拼搏的人。如果你不相信会有失败的情形，而只相信会有最后的结果，那么勇于负责的态度，并不会让你失去什么，反而会有许多收获。

（4）不一定要完全知道细节，才采取行动

有许多成功者不相信做任何事都得完全清楚细节，他们知道什么是必须知道的，而不让细节拖慢前进的脚步。那些能干的人，在做许多事时都有一套工作哲学，就是不去理会每一细节。

模仿别人可以节省我们的时间。从观察成功者之所以成功的特殊做法中，你就能学到他们的技巧，得到相同的成功，可是花的时间更少。时间是太宝贵了，无人能使它延长，而成功的人对待时间，一定是抱分秒必争的态度的。他们清楚一切的状况，只取所需，留下其他的。如果他们对某件东西有兴趣，比如，想知道马达运转的原理或产品制造的方法，就会花额外的时间去学。不过，他们永远留意需要的程度，哪些是必需，哪些是不需的。

如果有人跟你问起电的性质，你一定是一问三不知或略知一二，不过你还是会照常按动开关或扭亮电灯。谁也不相信你会因不懂电学，而改在烛光下读书。成功者擅长于区分什么该是他们知道的，什么是不必知道的。

为了有效使用有关的资料及你人生的一切，你应该在行与知之间找到平衡点，投下全部时间探讨根本的事项，或仅攫取既有的经验。要成功是不需要知道一切的。这也就是为何加州理工学院的科学家及工程师，虽然对电脑电路知道的比乔布斯更多，但只有乔布斯知道如何有效地运用他所知道的。因此，是他创造了“苹果”的神话。

（5）全力以赴

若不全心投入，就不会有持久的成功。成功者都相信热诚的力量，如果要挑出一个与成功绝不可分的信念，那就是完全地投入。你可以观察各行各业中的佼佼者，不一定都是最优秀的、最聪明的、最敏捷的、最健壮的，但绝对都是最苦干的。一位著名芭蕾舞家说过：“不休止地朝着一个目标，那就是成功的秘诀。”

在任何领域中，我们都可看到全心投入的例子，甚至于在以体力争胜的领域中。就以体育界来说吧，是什么因素让拉瑞·勃德成为美国职业篮球赛中最佳的球员之一？有许多人一直都感到奇怪。他行动慢、又跳不高，在特别重视手脚迅捷的世界里，勃德的行动看起来仿佛是慢动作。但是当你详细分析后就会发现，勃德之所以能成功，就在于他全心投入。他平日辛勤苦练，矢志不渝，打起球来比别人认真，对自己要求也高，结果，成就也就冠于他人。另外，再看看伟大的高尔夫球手汤姆·沃森，当他在斯坦福大学时还是默默无闻，只是队中的一名普通球员，但他的教练对其苦练的精神万分称许，认为是他一生中仅见的用功球员。

很多专家都相信：全心投入的确是任何领域成功的重要因素。如果你想要有所成就，就要学会全力以赴。

充分地去想象那种成功的感觉和自己所需要付出的努力

高尔夫球手米德克夫·加尔博士在一篇文章中说道："稳操胜券的心理是高尔夫球赛中争取冠军的真正秘密。"他说，"在上次名人赛中，我挥出第一杆的前 4 天，我有一种自己一定会赢的感觉。我觉得我挥杆击球的每一个动作都恰到好处，肌肉活动也使我称心如意，挥击自如。在将球打入洞时，我也一样有那种美妙的感觉。我明知我握杆的姿势，及两脚的位置仍和往常一样。但在我心中一有那种感觉之后，我只要随意一挥转，自然就稳操胜券了。"

米德克夫还说："那种稳操胜券的心理，是每个高尔夫球好手的秘密。"当你有这种心情时，连球都会听你的话，而且，这种心情似乎也可以控制那不可捉摸的"运气"。

反之，对于未来可能发生不利的想法，可使我们忧心如焚，伴随而来的就是焦急、无法或是屈辱的感觉，这是怎样来的呢？心理学家指出，我们是在提前尝试某种情况下的心情，仿佛我们已经真的失败一样。我们使自己看到了失败，不是模模糊糊或大而化之地看一下，而是活生生地想出来的。我们的自动创造系统，一直随着环境及周围情况而发生适应作用。对于环境及周遭情况，唯一可以传递给它的资料，是你所设想的那些环境或周遭的情况。

要是我们念念不忘失败，而且不断地把失败的景象灌输给我们的脑中枢，使它越发深刻及生动，以至于我们的神经系统也确认其为真，则我们就会有失败的感受。

相反地，若我们脑子里一直有个积极的目标，又一再生动地把这个目标向自己灌输，使它更加深刻清晰，并且把它看作是一个已经实现的事实，那么，我们就会产生一种“稳操胜券的心理”：自信、勇往直前，而且深信结果一定令人满意。

要是下意识地运用创造系统有什么秘诀的话，那就是：唤起、抓住及启发成功的感觉。当你感到成功及自信时，你就会有成功的举动。要是这种感觉非常强烈，那就会无往不胜了。

记住：不管你期待着好运或坏运，最终的结果都会印证你的期待。也就是说，“稳操胜券的心理”对一个人的成功是极有帮助的。

“稳操胜券的心理”本身是不会使你成功的，但是它是一种暗示，象征着我们正朝成功迈进。就如温度计一样，温度计本身不能使其所测量的地方变得更热或更冷；不过，温度计对我们却有很大的用途。当你能感到那种稳操胜券的心情时，你的内部机器就已经在成功的方向上了。

只要简单地定下你的目标或最后的结果，往往就能产生非凡的效果。要清晰而生动地对自己灌输这种目标，再体会当你实际达成目标时的那种心情，你就会自然而然地产生富于创意的作为。换句话说，你这样做，就是利用你下意识的力量，而你的内部机器也就朝成功的方向定了位，就会引导你做出正确的肌肉动作及调节，也就会使你想出更富有创意的见解，以及其他种种达到目标的必需之物。

美国潘尼百货公司的老板吉姆·潘尼曾经讲过，在他父亲临终时，他听到父亲说：“我知道吉姆一定会成大器的。”从那时起，潘尼就觉得他会成功——而且是无论如何都会成功，虽然那时他并无资产，一文不名，也没有受过什么教育。如今，潘尼那大大小小的连锁商店，竟是在不可能的环境及艰苦中创立起来的。每当他感到沮丧时，他就会记起父亲的预言，而“感到”无论如何要克服这些困难。

在他发财之后，他曾一度把所有的钱赔光。那时他年纪已经相当大了，有很多人在他那个年纪早已退休了。他发现自己已是一文不名，年岁又大，希望渺茫，不过他又再度记起他父亲的话。不久，便又充满了那种“稳操胜券的心理”，于是他便东山再起，几年之间，他的店铺开得比以前还要多。

凯撒尔丁·亨利曾说过：“每当我碰到一件很伤脑筋的难事时，我便物色一位乐观而又热心的人去办，他会热衷而满怀自信的去解决困难，他有足够的勇气及想象力，以小心的计划及勤劳的工作，来抓住那种轻松的心情，他会说：‘事情虽然棘手，但还是可能办到的’。”

哈佛大学的伯顿·怀特博士曾以“成功的习惯”为题，做过一次演讲，他说，很多小学生在学校的功课不好，成绩的失败，是由于没有给他们足够数量可能成功的功课，以至于他们没有机会去发展一种“成功的气氛”，或是“稳操胜券的心理”。

怀特博士指出，在早期生活中没有经历过成功的学生，往往没有机会养成“成功的习惯”——那是在从事新工作时，自然有的一种信念和自信。他鼓励老师们在教低年级时，为学生安排一些容易成功的工作，使学生们有机会体会到成功的欣慰。那种工作必须是学生们能够胜任，同时能够引起他们的兴趣，使他们感到热衷而引起自发的创造性。怀特博士说：“‘小小成功’可使学生们有‘成功的感觉’，这在他日后的工作中会有无价的帮助。”

我们是可以得到“成功的习惯”的，只要依怀特博士对老师们的建议去做，我们便可在任何时间、任何年龄，把成功的模式及感觉注入我们大大脑中。要是我们一直都为“失败”而耿耿于怀，很可能就会染上“失败的感觉”，使我们所作所为遭受不利的影响。要是能妥为运用，使我们在小

事上成功，那就会造成一种成功的气氛。它可以延伸到大事上去，我们便能做更困难的事，在成功之后，就可以有资格去从事更富挑战性的事了。所以，如果我们想追求成功，首先一定要相信自己会获得成功，并充分地去想象那种成功的感觉和自己所需要付出的努力。

为获得理想的人生
做好心理方面的各种准备

谁都想在生活中出人头地，在工作和事业上成就一番事业，期望自己的人生是成功的。真正的“成功”就是自觉地去充分发挥自己所拥有的能力。更具体些说，“成功”意味着尽力将自己的天分与潜在的能力发挥出来，以实现自己的人生目标。

有学者指出，成功与否的决定因素首先是精神上的准备，这种精神准备不是父母所赐，也非重金可买，而是加强自身心理品质锻炼的结果。只有在精神上准备好了，学会了用正确的思维方式去面对人世间的各种问题，在发展自我的过程中，才能避免那些不必要的麻烦。具体地说，为了获得理想的人生，在思维方式方面，首先要做好如下方面的准备：

（1）激发强烈的自我动机

动机来自于自身的鼓舞和行动激发。即根据自己的想法、需要、感情或心理状态，主动地促成自己的行动。没有成功的愿望，就很难产生有助于成功的行为。

成功者总是自觉地去培育强烈而积极的动机感。他们能自己选定目标，向想要发挥作用的方向努力，很少灰心丧气。即使有时出现失望、沮丧的情绪，他们也能够从自身内部涌出力量，最多经过短暂的徘徊，就又会继续向自我实现的目标迈进。

成功者积极的自我动机有两个来源：一是个人的和现实的自我期望；二是恐惧和愿望。无论恐惧还是愿望，都是最高的刺激剂。当恐惧和愿望同在心中时，恐惧是有破坏性的，而愿望则引导你实现目标，取得成功，得到幸福。他们集中注意力于成功的报酬，并积极地跳出畏惧和失败的纠缠。成功者总是说："我想……""我能!"

（2）怀有炽热的自我期望

期望是对未来的事物或人的前途有所希望和等待。成功者期望成功，他们把生活看作一场非常真实的竞争，而不仅仅理解为简单的冒险。他们期望成功，更怀有想要成功的欲望，懂得成功是以自己去创造的自我控制和准备成功的信念为前提的。

生活中的成功者相信自己预言的能力，他们始终保持着努力向上的势头，期望一个较好的工作，保持健康的身体，收入能有不断地增加，有热情的友谊和新的成功。成功者总是把问题看作向能力和决心挑战的机会。一种炽热的期望是产生向上力量和赢得"好运气"的最实在的方法。人生本来就应为实现自己的预言而存在；人所能获得的都曾是想象描绘的东西。成功者总是豪情满怀："今天干得不错，明天肯定更漂亮!"只要我们活着，就应经常向往着最美好的前景，在心里刻画它，想象它。这样，我们就能够从各方面做好迎接成功的准备。

（3）思考如何走在迈向成功的道路上

生活中的成功者信奉现实的自我调节，他们会精心设计生活中的目标，有着合理的生活计划、总的目标和明确的任务、切实可行的实施方案。他们日复一日地努力着，决心达到确定的目标，得到自己所期望的理想生活。他们在迈向成功的道路上懂得自我指挥。

曾有人巧妙地把人比喻为一条船。在人生海洋中，很多人像无舵船，他们总是幻想着"什么时候能漂到一个富裕繁荣的港湾"。对风浪海潮的起伏变化，他们束手无策，只有任其摆布，听其漂流，结局大多是触礁或搁浅。但那些成功者，他们把时间用在实施计划、确定目标和航向上。他们研究了最佳航线，学习了航海技巧扬帆远航，从此岸到彼岸，有计划地行进。那些无舵船一辈子航行的距离，他们只要两三年就达到了。

成功者的自我调节，秘密在于建立一个清楚的、明确的行动计划和目标，并经常思考修整。如此，才能在完成计划和达到目标中赢得成功。

战胜悲观，根据自己的意愿去生活

要想主宰自己，首先需要培养一种崭新的思维方式。这可能是一件很困难的事，因为社会中的许多其他因素有碍于我们去支配自己。但有一点你一定要确信，你每时每刻都能做出情感上的选择。你也许从小到大一直认为人的情感是无法控制的；愤怒、恐惧、怨恨、爱慕、喜悦、欢乐等情感是油然而生的，个人根本无能为力，无法控制，只能接受，听之任之；你还可能认为，每当一些悲伤的事情发生之时，你就会自然地感到悲伤，并希望出现一些愉快的事情使自己的情绪好起来。

记住：情感并不仅仅是出现在你身上的情绪，而是你自己对外界事物做出的一种心理反应。如果你主宰着自己的情感，就不会做出自我挫败性的反应。一旦你学会依照自己的选择控制个人的情感，你就踏上了一条通往“智慧”之路。在这条道路上，绝无导致精神崩溃的歧途，因为你将把情绪视为一种可选的因素，而不是生活中的必然因素。这正是人的个性自由的关键所在。

生命属于我们每一个人，你完全应该根据自己的意愿去生活！

每一个问题之中都藏着解决的方法，当你感到消极的时候，只要你真正拿出行动，用积极的心态去面对，事情就终有解决的时候。不管情绪有多痛苦，如果你按照下述六个步骤去做，就可以很快地打破消极的念头，进而找出脱困的方法。

(1) 确认你真正的感受

人们并不经常确切地知道自己真正的感受，只是一头栽进那些负面情绪里，承受不当的痛苦折磨。其实，人们并不需要这么苦待自己，只要稍微往后退一步，问问自己："此刻我是什么样的感受？"如果你直觉地认为愤怒，那么再问问自己："我真是觉得愤怒吗，抑或是其他？也许我真正的感受只是觉得自尊心受了伤害，或者觉得自己损失了些什么。"当你明白了真正的感受只是受伤或者受损失，那么，它对你的影响就不如愤怒来得强烈。只要你肯花点儿时间去确认真正的感受，随之针对情绪提问一些问题，那么，就能降低所感受的情绪强度，以客观且较理性的态度处理问题，自然就能更快且更顺手了。

比如说，如果你觉得自己不为别人所接纳，那么就这么提问自己："到底我是被人完全拒绝，还是有条件地拒绝？我是真被拒绝了呢，还是只有些怅然？对这样的拒绝，我是否真的那么不舒服？"请不要忘了转换词汇的神奇魔力，它可以很快地降低我们情绪的强度，再加上如果你真能确认自己的感受，那么从情绪中必然可以很快地学习到不少东西。

(2) 肯定情绪的功效，认清它所能给你的帮助

绝对不可"扭曲"情绪的积极功能，任何事物若是被我们"预设了立场"，那么我们就无法看出它的真貌，而对于别人善意的建议也无从接受了。幸好我们的脑子并不是那么愚顽不灵，当有时候我们那一套行不通时，它就会提供正面的建议，告诉我们有些地方必须改变——可能是认知，也可能是行动。如果我们依赖情绪，就算是对它并不完全了解，也应该明白它具有帮助我们的功能，从而我们就可走进内心的煎熬，很容易找出问题的解决之道。一味地压抑情绪，企图减轻它对我们的影响不但没用，反而会更加缠着我们。因此，对于一切你所认为的"负面情绪"都该重新检讨，给它们重新定位，日后当你再遇上相同的情况，那些情绪不但不再困扰你，

反倒能带你走出另一片天空。

(3) 好好注意情绪所带来的信息

当你为某种情绪所困时，要想把它摆脱掉的最有效的办法，就是重新认识情绪的真义，以积极的态度去解决问题，让它未来不再发生。

日后当你有某种情绪的反映时，要带着探究的心理，去看看那种情绪真正带给你的是什么。此刻你到底得怎么做才能使情绪好转？如果你觉得孤单，不妨问问自己："我是不是真的孤单呢？抑或是自己曲解了事实上我的周围有不少朋友？如果我能让他们知道我要去看他们，他们是否也会很乐意来看我呢？这种孤单的感觉是否提醒我该拿出行动，多跟朋友联系呢？"

你可以试着运用下面四个问题，来帮助自己改变情绪：

"到底我想怎么样？"

"如果我不想这么继续下去，那得怎么做呢？"

"对于目前这个状况我得如何处理才好？"

"我能从其中学到些什么？"

只要你对情绪有真正的认识，那么就必然能从其中学到很多重要的东西，不仅在今天能帮助你，在未来也是如此。

(4) 要有自信能掌控情绪

你对自己要有信心，应该确信情绪是能够随时掌控的。掌控情绪最迅速，最简单且最有效的方法，就是记取过去曾经有过的经验，然后针对目前的状况，拟定可以让你成功掌控情绪的策略。由于过去你曾面对并处理过这种情绪，而现在对情绪又有了新的认识，所以，相信这可以帮助你拟定策略。

如果你现在正处于某种情绪，那么，请你停下来，回想一下过去类似的情绪经验：当时是怎么解决的？有没有改变自己关注的焦点？有没有对自己提问某种问题？你是怎样认知的？你有没有采取新的行动？怎样才能拿来作为这一次的参考？只要你决定按照上次成功的模式去做，带着信心，那么这一次依然会如上一次有效。

如果你目前觉得沮丧，而这种情绪以前也曾有过，但当时顺利地消除了，那么可以这么问自己："当时我是怎么做到的？"是不是你拿出了什么新的行动？是出去跑了一趟呢，还是打电话找朋友吐诉了一番？如果那一次的方法有效，那么这一次你仍可以重来一遍，你将会发现这次的结果大致不差。

（5）要确信你不但能控制今天，也能控制未来

要想未来依然能够很容易地掌控情绪，你必须对自己目前的做法有充分的信心才行，因为那在过去你已经使用过，并且证明确实有效，如今你只要重新拿出来使用即可。你要全心全意地去回想、去感受当时的情景，让怎样顺利处理的经过深印在你的神经系统中。

此外，你要再想出其他三四种可能的处理方法，把它们写在小纸片上，以便不时提醒你自己。这些可能的处理方法包括：改变你的认知、改变你的沟通方式或改变你的行动等。

（6）要以振奋的心情拿出行动

你之所以振奋，是因为知道自己可以很容易地掌控情绪；而拿出行动，是为了证明自己确有能力掌控。千万别让自己陷于使不出力的情绪状态之中。

积极营造有利于自己发展的生活环境

有三只青蛙掉进鲜奶桶中。

第一只青蛙感叹地说："这是我的命。"于是，它盘起后退，一动不动地等待着死亡的降临。

第二只青蛙说："这桶看来太深了，凭我的跳跃能力，是无论如何也不可能跳出去了。今天我死定了。"于是，它沉入桶底淹死了。

第三只青蛙说："真是不幸！但好在我的后退还有劲，我要找到垫脚的东西，跳出这可怕的桶！"于是，它一边划，一边跳。慢慢地，鲜奶在它的搅拌下变成了奶油块。它在奶油块的支撑下，这只青蛙奋力一跳，终于跳出了奶桶。

是什么害死了前面的两只青蛙？是奶桶吗？可以说是，也可以说不是。想想第三只青蛙的命运，应该说，惰性才是真正的罪魁祸首。

心理学家指出，惰性就像你的手一样，伴着你来到世上，也伴着你离开世界，可谓形影不离。它会把一个很有潜力的天才变成一个庸人。但是，你切莫悲观地认为你身上的惰性比别人多，以至痛苦万分。即使在历史上取得杰出成就的许多伟大的人物，也都有惰性，只是他们会很好地对付、控制、打败它，他们有坚定的信念。在坚定的信念面前，惰性就会化为乌有。

为了有效改变不利于自己发展的生活环境，一个人怎样才能更好地对付惰性呢？如下建议可供参考：

(1) 树立明确的生活目标

在很多情况下，当我们不知道今天是为了什么而活的时候，惰性是最容易逞能的。当你有目标以后，每天活着就会感到很充实。当然，目标不能太远、太大，要切实可行，而且要特别留心在达到一个目标以后，要立即设定第二个目标。人很容易在达到目标之后自我满足，失去进取心，进而被惰性所俘。总之，不要让自己闲着，要不断地寻找那些可使自己的生活变得更美好的事去干。

(2) 制订详细的计划

不妨照着自己的目标，根据时间去订个详细的计划，而且不要遮遮掩掩、不好意思。计划要有整体计划、阶段计划，最重要的是每日计划。计划要根据实施情况不断修正，如果觉得有些离谱儿，不妨把计划撕了，虔诚地找张白纸重新订一个。记住：只有切实可行的计划才能推动你不断进步。

(3) 养成立即行动的习惯

计划订好后就立即行动。最重要的是，在每进行一步的开始，不要让自己的思维陷入矛盾斗争中。

(4) 不断地寻找动力

在计划之初，肯定是干劲十足，但一段时间以后，就容易松懈。我们必须不断地找新的动力。只要你肯动脑筋，会发现很多适合自己的创造动力法。你可以去看本名人传记，可以去找个出色的朋友谈谈心，也可以到繁华的街市去跑一跑，感受一下时代的朝气。这样，你可能会有很多冲动，这也可能是动力。当然，最容易做的，是在显眼的地方贴个座右铭，时刻提醒自己。

（5）找一个好环境

如果你感觉自己的生活环境不是很催人上进，那就不妨试着考虑换个环境。如果一个人能更好地实行计划，那就一个人待着；如果觉得和几个很上进的朋友在一起能更好地刺激自己，那就多花时间和他们在一起。只要觉得环境不适合，那就别犹豫，换个环境或许会大有成效。

有了积极坚定的信念
才能控制自己的人生

为什么有些人就是比其他的人更成功，赚更多的钱，拥有不错的工作，良好的人际关系，健康的身体，整天快快乐乐地过着高品质的生活，似乎他们的生活就是比别人过得好；而许多人忙忙碌碌地劳作却只能维持生计？其实，人与人之间并没有多大的区别。造物主给每个人一样的头脑和四肢，也给每个人同样的思维能力和行为能力，还给了每人一天公平的 24 小时。但为什么有许多人能够获得成功，能够克服万难去建功立业，有些人却不行？成功的秘密在哪里？

很多现代的心理学家都很推崇这样一种观点：影响我们人生的绝不是环境，也不是遭遇，而是我们抱持什么样的信念。

20 世纪初著名的奥地利心理学家艾德勒讲过这样一个故事：

有两个人同时丧失了一只臂膀。一年后，其中一人心灰意懒，觉得伤残了的人，毫无生存价值，决定了此残生。另外一人，恰恰相反，生活得如龙似虎，到处告诉人，他真不明白为什么上天要给我们两只手臂，因为他用一只臂膀已经可以应付有余了。

从某种意义上来说，失去手臂的人是残缺的，但这并不能阻挠他成为一个有所成就的人。

有两位年届 70 岁的老太太，一位认为到了这个年纪可算是人生的尽头，于是便开始料理后事；另一位却认为，一个人能做什么事不在于年龄的大小，而在于怎么个想法。于是，她在 70 岁高龄之际开始练习登山。随后的 25 年里，她一直冒险攀登高山，其中几座还是世界上有名的。95 岁高龄时，她还登上了日本的富士山，打破了攀登此山年龄的最高纪录。她就是著名的胡达·克鲁斯老太太。

心理学家指出，有了积极坚定的信念，人就能够发挥无比的创造力。当然，信念也可能是破坏力，看你从哪个角度去认识。人类对于生活中的遭遇会很主观地赋予某种意义，积极的信念可使人重拾破碎的心，继续往前迈进；而消极的信念很可能就此便毁掉人的一生。

一个人能否成功，关键就看他的态度。成功人士与失败者之间的差别是：成功人士始终用最积极的思考、最乐观的精神和最辉煌的经验支配和控制自己的人生；失败者则刚好相反，他们的人生是受过去的种种失败与疑虑所引导支配的。

有些人总喜欢说，他们现在的境况是别人造成的。环境决定了他们的人生位置。这些人常说他们的想法无法改变。但是，我们的境况不是周围环境造成的。说到底，如何看待人生和把握人生，主要由我们自己决定。

维克托·弗兰克尔的故事曾激励过很多人。

维克托·弗兰克尔什么罪也没有，只因为他是犹太人，就被投入了纳粹德国某集中营。每天他都在积极思考用什么样的办法能逃出去。他请教同室的伙伴，伙伴嘲笑他：来到这个地方，从来就没人想过能活着出去，还是老老实实干活儿吧，也许能多活几天。可维克托不是这样想法，他想到的是家有老母妻儿，自己一定要活着出去。积极的思考终于给他带来了机会。一次，在野外干活儿，趁着黄昏收工时刻，他钻进了大卡车底下，把衣服脱光，乘人不注意，悄悄地爬到了附近不远处的一堆赤裸死尸上。刺鼻难闻的气味、蚊虫叮咬他，他全然不顾，一动不动地装死。直到深夜，他确信无人，才爬起来光着身子一口气跑了 70 公里。这正是：“世上没有绝望的处境，只有对处境绝望的人。”这位幸存者后来对人们说：“在任何特定的环境中，人们还有一种最后的自由，就是选择自己的态度。”

在西方流传着这样一句谚语：“90％的失败者其实不是被打败，而是自己放弃了成功的希望。”其实，人与人的差别只是一点点，但这小小的差别有极大的不同。小小的差别是思维方式，极大的不同就是这思维方式究竟是积极的还是消极的。

积极的心态能帮助我们更好地应对困难的环境

塞尔玛陪伴丈夫驻扎在一个沙漠的陆军基地里。丈夫奉命到沙漠里去演习，她一个人留在陆军的小铁皮房子里，天气热得受不了——在仙人掌的阴影下也有43℃。她没有人可谈天儿——身边只有墨西哥人和印第安人，而他们不会说英语。她非常难过，于是就写信给父母，说要丢开一切回家去。她父亲的回信只有两行，这两行信却永远留在她心中，完全改变了她的生活：

两个人从牢中的铁窗望出去，

一个看到泥土，一个却看到了星星。

塞尔玛一再读这封信，觉得非常惭愧。她决定要在沙漠中找到星星。

塞尔玛开始和当地人交朋友，他们的反应使她非常惊奇。她对他们的纺织、陶器表示兴趣，他们就把最喜欢但舍不得卖给观光客人的纺织品和陶器送给了她。塞尔玛研究那些引人入迷的仙人掌和各种沙漠植物、物态，又学习有关土拨鼠的知识。她观看沙漠日落，还寻找海螺壳，这些海螺壳是几万年前——这里还是海洋时留下来的。原来难以忍受的环境变成了令人兴奋、留连忘返的奇景。

是什么使这位女士内心发生了这么大的转变呢？

沙漠没有改变，印第安人也没有改变，但是这位女士的念头改变了，心态改变了。一念之差，使她把原先认为恶劣的情况变为一生中最有意义的冒险。她为发现新世界而兴奋不已，并为此写了一本书，以《快乐的城堡》为书名出版了。她从自己造的牢房里看出去，终于看到了星星。

生活中，失败平庸者多，主要是心态有问题。遇到困难，他们总是挑选容易的倒退之路。“我不行了，我还是退缩吧。”结果陷入失败的深渊。成功者遇到困难，仍然保持积极的心态，用“我要！我能！”“一定有办法”等积极的意念鼓励自己，于是便能想尽办法，不断前进，直至成功。

积极的心态是可以培养的。为了培养积极的心态，我们可以从以下几个方面来努力：

（1）经常清除消极思想

在我们的日常生活中，我们必须每日清除心里的莠草，要常常怀抱乐观。如果你光看到自己生命中的灰暗面，强调各种可能的困难，那你就把自己置于消极的心态中。你应该尽快清除无用的消极杂草，回到积极的心态中去吧。

（2）远离思想消极的人

你周围的人并不完全一样，有的是消极的，但有的是积极的。有的是不得已而工作，而有的是胸怀大志，为进步而工作。有的同事贬低领导所说的一切，所做的一切；有的则能客观地看问题，而且充分认识到那些居于要职的领导人，过去一定是优秀的人才。

在我们的周围，总有那么一些小人，他们意识到自己的无能，因而千方百计地想成为你前进道路上的绊脚石，阻碍你前进。许多有识之士，因争取创造更大效益，生产更多产品而受到冷嘲热讽，甚至受到威胁。让我们正视这些小人！他们有的出于嫉妒想让你难堪，原因是你想进步。

要尽量远离这些思想消极的小人，多与思想积极的成功人士交流，你会因此而更加积极有为！

（3）使用积极的自我暗示语句

积极心态的自动提示语是不固定的，只要是能激励我们积极思考，积极行动的词语，都可以作为自动提示语。

如果我们经常使用自我激发性的语句，并融入自己的身心，就可以保持积极心态而抑制消极心态，形成强大的动力，达到成功的目的。

(4) 强化自己的积极态度

心态积极起来后，还需要用一些方法来使它得到强化，否则，积极心态很不容易得到长时间的保持。为此，你需要考虑从如下几个方面去努力：订一些明确目标；清楚地写下你的目标，达到目标的计划，以及为了达到目标你所愿意付出的；因强烈欲望作为达成目标的后盾，使欲望变得狂热，让它成为你脑子中最重要的一件事；立即执行你的计划；正确而且坚定地照着计划去做。

通过积极的暗示和合理的自我调节激发潜在的能力

一位推销员从一本书中看到一句话："每个人都具有超出自己想象两倍的能力。"当他相信了这句话后，便迫不及待地想要印证。

他首先思考自己以往的工作状况及态度，并且试着调查每天平均的访问次数，除以平均订约的件数，就是顾客可能订立契约的几率。

结果，他发现了一项重要的事实，那就是：以前自己每次有和大顾客订约的机会时，总是因为畏缩怠惰而白白丧失良机，甚至连访问顾客的工作都不曾实行过。

从此，这位推销员不再专注于狭窄的利益，他开始想象自己的成功，不断暗示自己更有能力，而且决心以实际行动争取更远大的利益。于是，他决定：访问可以订立大契约的客户；增加每天的访问次数；努力争取更多的订单获得率。

5个月后，他获得了较从前多5倍以上的订单。

可见，积极想象和暗示的威力是非常大的。那么，我们怎样做才能充分利用这种效果呢？心理学家指出：在学习自我暗示时，要牢记五大原则：

一是简洁——你给自己制定的精神标语要简单有力。例如："我越来越富有。"

二是积极——这点是极重要的。如果你说："我不要受穷。"这消极的语言会将"受穷"这观念印在你的潜意识里。因此，你要正面地说："我越来越富有。"

三是现实——你的句子要有“可行性”，令你心理不会产生矛盾与抗拒。如果你觉得“我会在今年之内赚到100万美元”是不太可能的话，选择一个你能够接受的数目。例如：“我今年之内会赚到5万美元。”

四是观想——默诵或朗诵你自己定下的语句时，你要在脑海里清晰地见到自己变成理想中的那个人。你永远不会致富，除非你能够在脑海中见到自己富有的模样。

五是感情——观想自己健康，你要有浑身是劲的感觉。观想自己创富，你要有丰富人生的感受。当你朗诵（或默诵）你的语句时，要把感情贯注进去；否则，光嘴里念着是不会有结果的，你的潜意识是依靠思想和感受的协调去运作的。

人的思维就是一个有目标的电脑系统。萦在你头脑中的潜意识，就有如电脑程序，直接影响这机制运作的结果。如果你的潜意识中自己是一个失败的人，你会不断地在自己内心，让那“荧幕”上看到一个垂头丧气、难当大任的自我；听到“你是不长进、没有出息”这一类的负面讯息；然后感受到沮丧、自卑、无奈与无能——而你在现实生活中便会“注定”失败。

另一方面，如果你的潜意识中自己是一个成功人士，你会不断地在你内心的“荧幕”上见到一个意气风发、充满活力的自我；听到“你做得很好，但你会做得更好”这一类的鼓舞讯息；然后感受到喜悦、自尊、快慰与卓越——而你在现实生活中便会“注定”成功。

当你习惯地想快乐的事，你的神经系统便会习惯性地令你处于一个快乐的身心状态。当我们时常想象成功，我们会渐渐地拥有成功的性格，然后再拥有成功的人生。

我们的大脑就是一部最精密的电脑，我们掌握到输入“胜利者”的要诀，便可以在生活中自然地产生“胜利的行为”，如此这般，我们便可改造自己为“胜利者”。

你要做胜利者，要成功，便应从这一刻钟开始，改变你的自我形象，利用积极的想象，将你的神经系统，变成一个“成功者电脑”。

数年以前，一个世界探险队准备攀登马特峰的北峰。在此之前从来没有人到达过那里。记者对这些来自世界各地的探险者进行了采访。一位记者问其中的一名探险者：“你打算登上马特峰的北峰吗？”他回答说：“我将尽力而为。”另一位记者问另一名探险者：“你打算登上马特峰的北峰吗？”这名探险者答道：“我会全力以赴。”记者问了第三个探险者同样的问题，他说：“我将竭尽全力。”最后，记者问一位美国青年：“你打算登上马特峰的北峰吗？”这个美国青年直视着记者说：“我将要登上马特峰的北峰。”最后，只有一个人登上了北峰，就是那个说“我将要”的美国青年。他想象自己到达了北峰，结果他的确做到了。

无论我们是想寻找一份更好的工作，或是想创造更多的物质财富，或是想拥有永久、幸福的婚姻，无论是什么，我们都应该在实现目标之前想象我们已经做到了这一点。

积极的念头就像一块磁铁。当你认为自己必将成功时，你会感到你的这个想法就像磁铁一般正把你拉向成功。

正如诗人约翰·密尔顿所写的：“……你的心，可以创造一个天堂般的地狱，也可以创造一个地狱般的天堂。”选择权全在你自己！

通过积极的暗示和合理的自我调节，你会发现一个全新的自我，你生活的世界也将会是一个“崭新的世界”！

坚持积极的自我暗示，追求成功的人生

许多具有真才实学的人终其一生却少有所成，其原因在于他们深为令人泄气的自我暗示所害。无论他们开始想做什么事，总是胡思乱想着可能招致的失败，他们总是想象着失败之后随之而来的羞辱，一直到完全丧失创新精神或创造力时为止。

对一个人来说，可能发生的最坏的事情莫过于他的脑子里总认为自己生来就是不幸之人，命运女神总是跟他过不去。在我们自己的思想王国之外根本就没有什么命运女神。我们是自己的命运女神。我们自己控制、主宰着自己的命运。

一个人的命运是由自我意识决定的，这句话的含义就包括了潜意识。因为积极的心理暗示要经常进行，长期坚持，这就意味着积极的自我暗示能自动进入潜意识，影响意识，只有潜意识改变了，才会成为习惯。

潜意识就是已经习惯成自然，不用有意控制的心理活动。心理学家指出，人类完全能够控制经由各种感觉器官进入潜意识的各种信息刺激和物质力量。但是，这并不等于人们随时随地经常地运用自己的控制力，而在绝大多数情况下，许多人并不运用这种控制力。如果人们都能主宰自己，怎么会有那么多人心态消极，一生贫苦卑贱呢?

潜意识就像一块肥沃的土地，如果不在上面播下成功意识的良种，就会野草丛生，一片荒芜。自我暗示就是播撒什么样的种子的控制媒介，一个人可以经由积极的心理暗示，自动地把成功的种子和创造性的思想灌输进入潜意识的大片沃土。相反，也可以灌输消极的种子或破坏性的思想，而使潜意识这块肥沃的土地野草丛生。

坚持心理上积极的自我暗示，对个人获得成功是非常重要的。

第一，通过心理暗示的作用，把树立成功心理、发展积极心态这个总原则变成了可以具体操作的方式和手段了。就是说，转变意识、发展积极心态，就要从心理上的自我暗示做起。

第二，心理暗示是人的自我意识中“有意识”和潜意识之间的沟通媒介。人的思想行为不可能一切都要有意识地选择和控制，通过经常持久的积极暗示，让自信主动的电流与潜意识接通，这才是真正的具有巨大魔力的自我意识。

第三，由于心理暗示的内容是具体的、实际的，所以坚持积极的自我意识也就必然要选择确立自己的目标，而且主要的目标将渗透在潜意识中，作为一种模型或蓝图支配你的生活和工作。

第四，通过心理暗示这个具体实际、可以操作的环节，我们能把内容复杂的成功心理学融会贯通，化作简单明确而又坚定不移的信心和意志，并且可以立刻行动。正因为心理暗示能够直接支配影响你的行动，所以，“自我意识决定你有无发展、能否成功”这句话就变得更加实在了。

在每个地方，尽管有一些人抱怨他们的环境这也不行，那也不行，没有机会施展自己的才华，但是，就是在这种相同的条件下，也有一些人却设法取得了成功，使自己脱颖而出，天下闻名。

一定要记住，成功是不可能来自于一种失败的思想的，就好像玫瑰是不可能来自于长满杂草的土壤一样。当一个人非常担心失败或贫困时，当他总是想着可能会失败或贫困时，他的潜意识里就会形成这种失败思想的印象，因而，就会使自己越来越处于不利地位。换句话说，他的思想与心态使得他正试图做成功的事情变得不可能了。

我们的幸运或是那种属于我们思想的所谓“残酷的命运”，与我们自己有莫大的关系。我们经常看到我们中间那些能力并不十分突出的人却干得非常不错，而我们自己却与他们有很大的不同，甚或招致大败。我们往往认为有某种神秘的命运在帮他们，而在我们身外有某种东西总是在拖我们

的后腿。但是，很可能的事实却是我们的思想和心态有毛病。

可以这么说，我们面临的最大问题很可能就是根本不知道该如何提高自己。我们对自己不够严格，对自己的要求不够高。我们应当希望自己有更加光辉灿烂的未来，应当认为自己是具有辉煌、超凡潜质的了不起的人物。要敢于较高地评价自己。

你要全心全意希望自己健康。绝不能容许自己去想可能会有另外的事情落到你头上。一定要拥有健康的心态，你的所思所谈都是健康。一定要对自己说："健康是我生来就该享有的权利。"

你也应该以同样的态度对待成功。除了成功之外，你绝不应该再想别的事。一定要有成功的心态、思想和行为举止。一定要像一个成功的、先进的人士一样行动，穿着打扮和思想都要表现得充满活力。务必相信，你心中的图景，你的心态，便是你将可能使之变为现实的图案。

如果你希望自己成为勇敢、豪气冲天之士，你一定要坚定地拥有无所畏惧的思想，绝不能害怕任何事情，绝不能使自己成为一个懦夫、一个胆小鬼。

如果你卑怯胆小，容易害羞，那就不妨断言你将再也不会害怕任何人或任何事，你将昂起头来，挺起胸来，你不妨宣示你的男子汉气概或你的巾帼不让须眉的气概，一定要痛下决心加强你品格中的薄弱环节。对畏缩、胆怯和害羞的人来说，如果能展现出另外的神态，如果能表现出自信的样子，对他们往往大有裨益。胆怯、害羞的人不妨对自己说："其他人太忙，不会来操心我或看着我，观察我，即使他们看着我，观察我，对我来说也没什么大不了的。我将按自己的方式行事和生活。"

你要不断地宣称，你并不愚蠢，你有能力，你将向那些不相信你的人们表明，其他人能做的事，你也能做。

你将发现，当你的自信心因为你经常断言你能成为你希冀成为的人而增强的时候，你的能力相应地也会增强。无论其他人如何评价你的能力，你绝不能容许自己怀疑你能做你渴望做的事情的能力，你绝不能对自己能否成为你渴望成为的那种人心存怀疑。尽可能地增强你的信心，在很大程度上，运用自我暗示能使你成功地做到这一点。

个人的自我暗示中有一笔很大的财富，有一笔极大的资本。你在立身行事时，要不断地暗示自己一定会成功，会获得发展、提高。

在你的行为举止中，绝不要表现出你似乎认为自己一生不会有什么作为的样子。如果你躬行践履并坚定地坚持这种积极的、建设性的、丰富的思想，那么，有朝一日你的这种心态会使你获得一席之地，并会创造出你所希冀的东西来。一定要相信，没有任何东西无缘无故地发生，这种缘故便是一定的心态或思想。

思想就是力量，正是通过这种思想的力量，我们塑造了我们自己，也塑造了我们的环境。这些细小的力量正不断地雕刻、塑造人的品格，不断地塑造人生。我们不可能摆脱我们的思想，我们必定会实现我们的思想。

第二章

制订合理的目标，促成美好的未来记忆

蒙田说："一个人最伟大和华丽的乐章，就是知道如何有目标地生活。"人生的悲剧不在于没有实现目标，而在于没有目标可实现。为了获得理想的人生，一定要想清楚：谁在掌控我们的人生？我们究竟是等着别人丢给我们的一切，还是去获得自己想要的一切？要得到自己想要的，首先就得知道我们想要的是什么，然后靠自己去争取。如果你想要获得成功和快乐，就设定一个目标，这个目标要能指挥你的思想，释放你的能量，激发你的希望。

肯为明确的奋斗目标付出努力才有光辉的前程

很难相信一个懒惰闲散、好逸恶劳的人会取得多大的成就。只有那些在达到目标过程中面对阻碍全力拼搏的人，才有可能达到成功的巅峰，才有可能走到时代的前列。

对于那些从来不尝试着接受新的挑战、那些不愿去从事那些对自己最有利的艰辛繁重的工作的人来说，是永远不可能有太大成就的。

绝大多数胸无大志的人之所以失败，是因为他们太懒惰了，因而根本不可能取得成功。他们不愿意从事含辛茹苦的工作，不愿意付出代价，不愿意做出必要的努力。身体上的懒惰懈怠、精神上的彷徨冷漠、对一切就都放任自流的倾向、总想回避挑战，而过一种一劳永逸的生活的心理，所有这一切就是使那么多人默默无闻、无所成就的重要原因。

有一天，尼尔去拜访毕业多年未见的老师。老师见了尼尔很高兴，就询问他的近况。

这一问，引发了尼尔一肚子的委屈。尼尔说："我对现在做的工作一点儿都不喜欢，和我学的专业也不相符，整天无所事事，工资也很低，只能维持基本的生活。"

老师吃惊地问："你的工资如此低，怎么还无所事事呢？"

"我没有什么事情可做，又找不到更好的发展机会。"尼尔无可奈何地说。

"其实并没有人束缚你，你不过是被自己的思想抑制住了。明明知道自己不适合现在的位置，为什么不去再多学习其他的知识，找机会自己跳出去呢?”老师劝告尼尔。

尼尔沉默了一会儿说：“我运气不好，什么样的好运都不会降临到我头上的。”

“你天天在梦想好运，而你却不知道机遇都被那些勤奋和跑在最前面的人抢走了。你永远躲在阴影里走不出来，哪里还会有什么好运?”老师郑重其事地说，“一个不肯付出努力的人，永远不会得到成功的机会。”

如果一个人把时间都用在了闲聊和发牢骚上，就根本不会想用行动改变现实的境况。对于他们来说，不是没有机会，而是缺少进取心。当别人都在为事业和前途奔波时，自己只是盲然地虚度光阴，根本没有想到去跳出误区，结果只会在失落中徘徊。

一个人在工作上消极堕落的最初症状之一，就是他的理想与抱负在不知不觉中日渐褪色和萎缩。在我们的生活中，可以说，没有任何一样东西比我们的理想和抱负更需要精心呵护、更需要持久鼓励的了。尤其是当我们身处一个不那么容易激发我们、促使我们冲刺新的人生高峰的环境中时，就更是如此。

如果一个人胸无大志，游戏人生，那是非常危险的。当一个人服用了过量的吗啡时，医生知道这时候睡眠对他来说就意味着死亡，因而会想方设法让他保持清醒。有的时候，为了达到这个目的而必须采用一些非常残忍的手段，比如使劲地捏、掐病人，或者是对他进行重击。总之，必须用一切可能的手段来驱逐睡魔。在这种情况下，一个人的意志力就起着决定性的作用。一旦他意志消沉，陷入睡眠，那么，他很可能就再也不会醒过来了。

我们到处都可以见到这样一些人，他们有着最良好的装备，具备一切最理想的条件，而且也似乎是正在整装待发，然而他们行动的脚步却迟迟不能挪动，他们并没有抓住最好的时机。造成这一现象的原因就在于，在他们身上没有前进的动力，没有远大的抱负。

一块手表可能有最精致的指针，可能镶嵌了最昂贵的宝石，然而，如果它缺少发条的话，它仍然一无用处。同样，人也是如此。不管一个人受过多么高深的大学教育，也不管他的身体是多么的健壮，如果缺乏远大志向的话，那么他所有其他的条件无论是多么优秀，都没有任何意义。

雄心抱负通常在我们很小的时候就初露锋芒。如果我们不注意仔细倾听它的声音，如果它在我们身上潜伏很多年之后一直没有得到任何鼓励，那么，它就会逐渐地停止萌动。原因很简单，就跟许多其他没被使用的品质或功能一样，当它们被弃置不用时，它们也就不可避免地趋于退化或消失了。

这是自然界的一条定律，只有那些被经常使用的东西，能长久地焕发生命力。一旦我们停止使用我们的肌肉、大脑、某种能力，退化就自然而然地发生了。而我们原先所具有的量，也就在不知不觉中离开了我们。

如果你没有去注意倾听心灵深处“努力向上”的呼声，如果你不给自己的抱负时时鞭策加油，如果你不通过精力充沛实践有效地对其进行强化，那么，它很快就会萎缩死亡。

如果说在这个世界上存在着一些可怜卑微的人的话，那毫无疑问，那些抱负消亡的人是属于其中的一类。他们一再地否定和压制内心深处要求前进和奋发的呐喊，由于缺乏足够的燃料，他们身上的理想之火已经熄灭了。

对于任何人来说，不管他现在的处境是多么恶劣，或者先有的条件是多么糟糕，只要他保持了高昂的斗志，热情之火仍然在熊熊燃烧，那么他就是大有希望的；但是，如果他颓废消极，心如死灰，那么，人生的锋芒和锐气也就消失殆尽了。

在我们的生活中，最大的挑战之一，就是如何保持对生活的激情，坚定明确的奋斗目标，永远让炽热的火焰燃烧，并且保持这种高昂的境界。只有这样，才能勇敢地经受生活中的风风雨雨，进而获得理想的人生。

有了明确的奋斗目标，也就产生了前进的动力

享誉美国的零售业大王伍尔沃夫年轻的时候非常贫穷，曾经有一段时间他生活在乡下，一年中几乎有半年的时间都是打着赤脚的。

那么，他是怎样走向成功和富有的呢？他自己曾解释说，其实秘诀非常简单，那就是让自己的心灵充满积极向上的思想。最初，他向别人借了300美元，开了一家所有商品的售价都是5美分的小店。虽然他在纽约设立的第一个店铺因为营业额太少，经营失败了，可是在以后的时间里，他稳扎稳打、慢慢扩展自己的事业；10年之后，他就有了10家分店。

伍尔沃夫以自己的努力一跃成为整个美国最闻名的投资者，他建立起了当时世界上最高的大厦，也就是纽约市鼎鼎有名的伍尔沃夫大厦。他用现金全额支付了高达1400万美元的建筑费用，甚至还大方地在自己的住宅里放置了一台价值10万美元的管风琴。

伍尔沃夫的成功来自他母亲传授给他的积极向上的思想。当他还是个穷小子的时候，每次遭遇挫折、感到垂头丧气的时候，他的母亲前去看他，总是把他的手紧紧握住，并鼓励他："不要灰心，总有一天你会成为有名的富翁的。"

于是，伍尔沃夫逐渐明确了自己的生活目标，并采取了一系列积极的行动……这就是他成功的全部秘诀。

一个没有目标的人就像一艘没有舵的船，永远漂流不定，只会到达失望、失败和丧气的海滩。前美国财务顾问协会的总裁刘易斯·沃克曾接受

一位记者采访。他们聊了一会儿后，记者问道："到底是什么因素使人无法成功?"

沃克回答："模糊不清的目标。"记者请沃克进一步解释。他说："我在几分钟前就问你，你的目标是什么？你说希望有一天可以拥有一栋山上的小屋。这就是一个模糊不清的目标。问题就在'有一天'不够明确，因为不够明确，成功的机会也就不大。"

"如果你真的希望在山上买一间小屋，你必须先找出那座山，找出你想要的小屋现值，然后考虑通货膨胀，算出 5 年后这栋房子值多少钱；接着，你必须决定，为了达到这个目标，每个月要存多少钱。如果你真的这么做，你可能在不久的将来就会拥有一栋山上的小屋；但如果你只是说说，梦想就可能不会实现。梦想是愉快的，但没有配合实际行动计划的模糊梦想，则只是妄想而已。"

聪明的人，有理想、有追求、有上进心的人，一定都有一个明确的奋斗目标，他懂得自己活着是为了什么。因而，他的所有的努力，从整体上来说都能围绕一个比较长远的目标进行；他知道自己怎样做是正确的、有用的，否则就是做了无用功，或者浪费了时间和生命。

许多人怀着羡慕、嫉妒的心情看待那些取得成功的人，总认为他们取得成功的原因是运气好、有外力相助，于是感叹自己的运气不好。殊不知，成功者取得成功的原因之一，就是由于确立了明确的目标。一个人有了明确的奋斗目标，也就产生了前进的动力。因而，目标不仅是奋斗的方向，更是一种对自己的鞭策。有了目标，就有了热情，有了积极性，有了使命感和成就感。

西班牙一家咨询公司采访了 5000 名经理人员，并对他们取得成就的原因和基础进行了深入的分析和研究。结果表明，尽管这些人年龄大不相同、专业各异，但他们都有一个共同之处：从总体上来说，凡是那些事业有成就的人，都有一个明确的目标。

只有确立了前进的目标，一个人才会最大可能地发挥自己的潜力。只有在实现目标的过程中，我们才能够检验出自己的创造性，调动沉睡在心

中的那些优异、独特的品质，才能锻炼自己、造就自己的成功。

为了确立人生的目标而规划未来，有助于提高你解决问题和调整心理的能力；当你想成就一项事业时，它会告诉你在每一步该干些什么，怎么干。虽然无法预见将来社会会发展到什么程度，也不能预见我们每一个人的命运，但是，按照对未来的规划有条不紊地循序渐进是最重要的。只要这样，你才能达到在工作中不断发展自己的目的。

如何规划未来？目标订得太低，就无法充分发挥个人的潜力；目标订得太高，就无法实现。必须衡量自己的能力，稍微高于自己能力可做到的程度，那才是好目标。在规划未来中必须注意考虑以下几个问题：

我的目的是什么？（意图）

对于我自己以及影响目的的一切事物，我有何了解？（第一手资料）

我拥有什么样的物质条件来适合我的目的？（物力）

我怎样计划运用这些第一手资料和物力来实现我的目标？（方法）

怎样使计划好的方法付诸行动？（贯彻）

怀有明确目标的人容易把握更多的机会

一位美国心理学家指出，一些体育竞技事例和其他事例使我们有理由相信，出类拔萃的欲望，首先来自于良心。那些生活中的优胜者并不是超人。他们的共同点并不在于特异的才能和不败的谋略。相反，他们的共同点倒在于一种特殊的天赋：怀有明确的目标，善于利用他们的机会。而他们所借助的，也不过是些简单的技巧，实际上我们每个人都能做到的。具体该怎么做呢？如下建议可供参考：

（1）确定一个雄心勃勃的目标

优胜者并不仅仅考虑下次比赛的胜败，他瞄准的是冠军赛。他确定一个长远的目标，给自己以奋斗、拼搏的渴望。

托马斯·沃森，40 岁才当上一个小厂的总经理。该厂生产一种由穿孔卡（信息的一种基本形式）操纵的机器。从这个出发，他发明出一种能处理并储存信息的工具：电子计算机。而这是电子计算机商业化以前仅仅 15 年的事！不久，为了把这个目标摆上突出位置上，他把企业改名为“国际商用机器公司”（IBM）。在他去世前，有人问他，从何时起想到 IBM 公司的扩展，他回答说：“从一开始。”

为了确定一个目标，优胜者问自己：“我喜欢做的是什么？我的长处究竟在哪里？”他对能使他达到目标的长处远比对普通技能更感兴趣。谁会去指责一个大提琴师吹不好小喇叭呢？问题不在于当不当一个爱因斯坦，而在于找到更适合发挥自己才能的方式。

（2）注重实效

工作迷爱好活动甚于一切；而优胜者感兴趣的是成果。他按照所瞄准的方向开展工作，他的目光从不离开所要达到的目标和为达到目标所需的方法。

吉姆·格瑞，一个电话公司的装线工，他有当养护监督的志愿。可是因为没有资历，他被提升的希望不大。为了博得上级的重视，他拿出全部精力去争当全队第一。他说："我要向他们显示的一切，就是把吉姆·格瑞这个名字变成优质工作的同义语。"

他的上级注意到他了。他们知道，即使把吉姆放在一个任何人地位都比他高的地方，工作照样会做得很好。上级把他从安装工提为保养工，然后把他调到加利福尼亚去培养新技术员。不久，上级任命他为养护监督，他长期的梦想实现了。

优胜者决不因目前地位与所求目标距离之远而丧气。在通往目标的道路上，他是分阶段循序渐进的。

（3）发挥内部潜力

心理学家亚伯拉罕·马斯洛断言，每个人都自然而然地希望造就自己。他说："能力唯一的要求就是被使用。"人人都有增强本领、实现理想、获得别人尊重的强烈欲望。人们不是通过广揽职权，而是通过释放权力、充分利用的内部潜力而使本领臻于完满的。

20 年前，许多专家认为，4 分钟内跑完 1 英里，在体力上是不可能的。可是罗杰·班尼斯特不屈服于这个所谓的显然之理，而要通过亲身实践来检验它。他 1954 年创造的成绩不仅打破了世界纪录，而且证明：人们能够战胜那种囿于框框的失败主义。后来，许多人效法他，取得了成功。

有了明确的目标，积极去发挥内部的潜力，就容易获得理想的人生。

(4) **变失败为有利条件**

在几次从地球飞往月球的过程中，阿波罗巨船有90%的时间是偏离预定轨道的，机组必须随时纠正它的航向。然而有趣的是，这些事故其实并不要紧。这说明，人们可以遵守一定的航向，但并不强求毫无偏差；哪怕始终没能按预定轨道前进，也还是在正确方向上。在一位美国学者对90个商业界、政治界、体育界和艺术界人士的研究中，发现他们许多人对他说的一句话“错误的开端”，而从来不说“失败”。失误的结果往往是加强了决心，有利于进展或转化。

不管事变的过程有多么困难，优胜者始终相信总有其他路子可以探索，总有其他办法可以试验。因此，他们总是拥有比别人更多的成功机会。

扬长避短，才能更好地发挥自己的能力

朗费罗曾经说：“应仔细地分析一下自己，最重要的是要看清自己可以在哪一方面赢得成功。”

益川敏英大学时就读于日本著名的名古屋大学。然而，就是这样一位世界著名的物理学家，大学时的英语成绩却是非常的差。每次考试成绩都在全年级里排名倒数。然而，面对自己如此之差的英语，他费了很大的力气，想尽一切办法想提高自己的水平。他请教老师、同学，甚至是废寝忘食地去加班加点的学习，但是最终的结果却并不理想。

有一天，益川敏英向他的英语教授请教一个很简单的问题，而且这个问题在这位教授上课的时候也多次讲到。然而，这教授并没有直接回答益川敏英提出的问题，而是对益川敏英揶揄道：“连这么简单的问题都不懂，真够笨的。你的英语成绩这么差，以后肯定一无是处，将来能有个自己的饭碗就不错了！”

教授的话深深地刺伤着益川敏英的心灵，他从教授的表情中看到了轻蔑与不屑，他的心中也溢满了惆怅与不安。郁郁寡欢中，益川敏英和几个朋友去酒馆准备借酒消愁。刚一入座，他就急着喊服务员上酒。不一会儿，一只打扮成服务员模样的猴子，拿着一瓶酒和几个杯子，飞快地跑到益川敏英等人面前摆好，然后，又飞快地跑回去拿盘子和碟子。

益川敏英看到猴子像人似的那么敏捷和洒脱后，被深深地吸引住了。他疑惑地问老板：怎么能把猴子训练得像人一样听话？

老板笑着对他说道：“人也好，动物也好，总有一项功能是胜过于别人或其他动物的。只要你寻找到了，并不断地挖掘他，持之以恒，那么，不要说猴子，就是猪也能训练成舞蹈演员啊！”

听了老板的话，益川敏英不禁将眼睛瞪得大大的，他的眼前仿佛绽放出一道绚丽的色彩。他豁然开朗，那横亘在眼前的英语不好的障碍，已经显得不再那么重要，重要的是把自己喜欢的物理学好。

三年的时间过去了，益川敏英不仅从大学顺利地毕了业，而且还考取了英国剑桥大学物理专业的留学生。从剑桥大学物理系毕业后，他被美国物理研究所聘为高级研究员。最终，68 岁的益川敏英靠“六元模型”实验的成功，获得了 2008 年的诺贝尔物理学奖。

益川敏英也因为当年酒馆老板的一席话，而找准了人生的方向，并最终走向了成功。益川敏英的成功告诉我们，每个人都有自己的强项和弱项，我们不能总是用眼睛去盯着自己不擅长的事情，而应该把目光放到我们所擅长的事情上去，做到取长补短。努力去做最好的自己。

俗话说，人最大的弱点是不能认识自己。也就是说，有的人看不到自己的缺点，有的人看不到自己的优点。看不到自己缺点的人大多不能进步，而看不到自己优点的人有着潜在的发展空间，这样的人一旦认识了自己的优点，甚至由绝望变为希望，他很可能成就了自己的优点。

每一个人都有自己的优点或优势，也有自己的弱点和弱势。在工作和社交活动中，认识到自己的优势和劣势，就可以扬长避短，更好地发挥自己的能力。那么，怎样正确认识和充分发挥自己的优点，以打造一个最好的自己呢？如下一些建议可供参考：

（1）摆正自己的位置

要向成功地打造自己，首先要摆正自己的位置，找到自己努力的方向，如果自己是块黄金，就要经受火炼；如果自己是块煤炭，就不要在铁堆里充数了，是什么并不重要，重要的是做最好的自己。

打造最好的自我，只能是根据自己的实际情况量身定做，而不是那种盲目地追求完美——那样的打造无异于自寻烦恼，自找死路，会让自己坠入痛苦的深渊。

(2) 要肯于付出必要的努力

打造自己不是说出来的，而是做出来的，你想成为一个什么样的人，是要靠付出努力，付出汗水和泪水的。

打造自己要永远站在现实的土地上，不要好高骛远，更不要贪恋虚荣，而是要脚踏实地地付出扎扎实实的努力。

在打造自己的过程中，还要学会反省自己、激励自己，要有计划，更要有具体的方案；要从一点一滴做起，要从平常的小事做起，严格要求自己，还要量力而行。

(3) 要善于向别人学习

成功地打造自己最简单的方式，就是找一个偶像或模范，跟他们学习，模仿他们的言谈举止和处理问题的方式，想想他们处于自己的境况下会如何去做。这样，也许你会很快地提升自己，他们就像一个模子，不会让你迷失方向，也会保证打造的质量。

(4) 要敢于坚持自己的理想

在打造自己的过程中，一定会有来自各方面的压力和艰难困苦，这些都是对你的考验，或者说打扰。对此，最好有个清醒的认识，要敢于坚持自己的理想。

也许你永远打造不了你想达到的那种状态，但与打造前的过去相比，你会发现，自己一直在进步，在成长。你会自豪，更会欣喜，因为你一直走在正确的道路上。

准确地认识自己，找到自己的位置

古希腊著名哲学家苏格拉底经常引用的一句话就是：“认识你自己。”现在，这句话已经成了几乎全世界家喻户晓的一句民间格言。只有真正认识了自己，才会知道自己存在的价值。只有真正认识了自己，才能够有作为，更好地发展自己。

在竞争异常激烈的今天，认识自己的重要性不言而喻。这是一项成就事业最起码的能力。如果连这项能力都不具备，这个人的一生必将浑浑噩噩，碌碌无为。一个人无法认识自己，就很可能会选择自己不擅长的职业，奋斗一辈子仍然在原地打转；一个人无法认识自己，在爱情上会错误地选择一个人，一辈子都在痛苦中煎熬。

认识自己很重要，但认识自己也并不是一件容易的事情。你认识你自己吗？在工作中，你或者别人也许会经常这样感叹：“我越来越迷茫了，越来越不知道自己能做些什么了。我的理想在哪里，我的目标在哪里，我都不知道。我只知道按部就班地上班、下班，浑浑噩噩地生活。没了激情，没了希望，我这一生就这样完了。”世界上最悲哀、最痛苦的事情莫过于如此，活了一辈子还没有活出个样来，还没有弄清楚自己活着的意义，还不知道自己做了些什么。审视一下你自己：你找到自己的位置了吗？

很多人总说自己不成功，总抱怨自己的机遇不好。怨天尤人没有用。为什么不成功？应该从自己身上找原因。你真正认识你自己了吗？你按照自身的特点和优势去做事情了吗？还是盲目地看见别人做什么，自己就做什么？很多人不成功，最大的原因就是没有真正地认识自己，走了很多弯路，到头来发现这条路不适合自己，于是，又走回来。可见，清楚地认识自己，对人生、对成功都是至关重要的。

为了正确地认识自己，首先要认真思考和回答好如下三个问题：

（1）我能做什么？

这个问题很简单，可是仍然有很多人不知道自己能够做什么。有时候觉得什么都能做，有时候觉得什么都做不了。你能做什么，是基于对你自身的能力的认识。人要想生存，就必须具备一定的能力。比如，你的外语很好，这就是你的能力，你就可以做翻译、外语教师等；比如你能说会道，你就可以做销售等。所以，人生在世，必须培养自己一项或几项基本技能。如果你把这个问题弄清楚了，在求职的时候，就能够少走些弯路。

（2）我应该做什么？

人总不能满足于现状，如果你只想活下去，那你就没有必要考虑这个问题了；如果你想活得更好，你就要仔细考虑这个问题。在你力所能及的基础上，你还应该做些什么来提升自己、发展自己呢？比如，你口才很好，那么你甘心只帮别人卖一辈子的房子吗？你是不是应该在和客户打交道的时候，不断积累资源，不断扩展自己的关系网，条件成熟的时候，自己开一家房地产公司？你唱歌唱得好，难道你仅仅满足于在酒吧里唱吗？难道你就不想出自己的唱片？不想成为万众瞩目的歌星？

（3）我喜欢做什么？

如果你对这个问题做出的答案和第一个问题一样，恭喜你，你找对了自己的位置。只要你努力下去，你不但可以成功，还可以得到幸福。这个问题是基于一个人对幸福的追求而设，很多人可以成功，但他们并不幸福。成功和幸福是两码事，你拥有巨大的财富，你拥有显赫的声名，可是你却做着自己不喜欢做的事情，你的精神在遭受着折磨，那么你还有什么幸福可言？你虽然只是一个普通的画家，但你能够养活自己和家人，又把画画作为你一生的兴趣和追求，你活着就很充实和幸福。

所以，如果前面两个问题你都回答好了，就可以进一步想想第三个问题。最好的结果莫过于这三个问题的答案都一致。如果你真的想快乐，想轻松，想幸福，那么，你就赶快从世俗的名利中抽身出来，利用你已有的条件做你自己喜欢做的事情吧！

坚守自己的追求，做自己该做的事

每一个人都有自己的某种才能，只是有些人怯于或者懒得去发现它。一个人如果不相信自己，就不可能挖掘自我潜能。相信自己是尊重自己的基础，尊重自己是心理健康的标志。相信自己的力量和才能，每个人都是能发出光芒的星辰，每个人都是一座金矿。在选择事业目标的时候，我们不要盲目地与别人攀比，根据自己的特点、长处、能力及社会需求出发，寻找自己能够做得好的事。

一位西方学者指出：上帝并未大批生产人类，并不像最新型的汽车那样自生产线上生产出来。它使人类各具有不同的体型、外表与肤色。它所制造的人类彼此具有很多微细的不同之处。它使我们每一个人都与别人不同——而且也未限定我们应该一致遵守的共同标准。

你是独一无二、与众不同的。给自己找准位置，做自己该做的事，才能获得理想的人生。

1888 年，法国巴黎科学院发起关于“刚体固定点旋转”问题有奖征文。有趣的是，征文规定作者除提供论文外，还必须附一条格言。因为，知识和人格是科学事业腾飞的双翼。在许多应征的论文中，有篇论文所附的格言格外显眼，极富哲理：“说自己知道的话，干自己应干的事，做自己想做的人。”这句名言出自 38 岁的俄国女数学家苏菲·柯瓦列夫斯卡娜之手。她实现了自己的格言：“做自己想做的人。”在妇女处于被压迫、被奴役的悲惨地位的 19 世纪，她成了走进法国巴黎科学院大门的第一个女性，成为数学史上第一个女教授。

无独有偶，美国加州伯克利分校物理系人才济济，半个多世纪出了7名诺贝尔物理奖得主。人们探究其奥秘，系主任说：“物理系教授和学生的原则是：做自己想做的事，不做别人让你做的事。”

一个人只有充分地估测自己，给自己找准位置，充满信心，真诚地做自己能做的和应该做的事，才有可能成为自己所希望的那种人。

成功的人生需要计划，需要战略上的正确决策，更需要客观的、科学的自我定位，在人生的图画上为自己找个坐标。我们应问自己：“我拥有什么资本，有何特长？将来用什么手段来谋生？”这个问题是我们每个人无论成功与否都应面对、解决的问题。生命赋予的时间是公平的，它许诺我们可以用一生的时间去实现价值。但在这一生的时间里，有人用时间去换取权力，有人用时间去换取财富，有人用时间换取悠闲，而有人用时间却什么都换不到……究竟是什么造成了这种差异呢？这是值得每个人认真思考的。

其实，人之初往往都认为自己没有办不到的事，什么都想去尝试，可到生命至黄昏时，方才醒悟，原来，人的能力是有限的，一个人不可能样样都行，要知道自己能干什么和不能干什么。能给自己准确定位的人，才是真正的聪明人，才能取得成功。

1929年，在美国一个贫民窟里出生一位世界的传奇式人物，他就是著名的推销奇才乔·吉拉德。说起他的成长经历可谓曲折。他从懂事起便开始给人家擦皮鞋，后又做报童，然后又做过洗碗工、送货员、电炉装配工和住宅建筑承包商等。据他讲：35岁以前的他，可以说是一无所成，没有任何成就。甚至他还欠了一身的外债，朋友均弃他而去，就连妻儿的生活费用都成了问题。因为他还患有严重的口吃，以致他换过40多个工作仍一无所成。为了生存，他开始做汽车业务，步入了他的推销生涯。

从干起推销的那一刻起，“你认为自己行就一定能行”就成为他创业的思想支撑。他相信自己一定能做得到，他以极大的热忱投入到狂热的推销工作中。不管在街上还是在商店里，他逢人就送名片，抓住一切机会，推销他的产品，推销他自己。三年过后，他成为全世界最伟大的销售员。谁能预料到，三年前背了一身外债，几乎走投无路、处于绝望的他，竟然能够在短短的三年内被吉尼斯世界纪录称为“世界上最伟大的推销员”？他至今还保持着销售昂贵产品的空前记录——平均每天卖 6 辆汽车！他一直被欧美商界称为“能向任何人推销出任何商品”的传奇人物。

仔细分析不难发现，乔·吉拉德成功的要素主要有：首先，他有坚持不懈，败不馁的精神，这也是他成功重要条件；再一个，也是非常重要的一点，他把自己定位在做一名销售员，他认为自己更适合，更胜任做这项工作，热爱这项工作，这是他成功的引力。

成为你自己，就是要知道你能做什么，你想做什么，你的优势是什么，一定要明确这一点。目标的迷失与满腔的热情无处挥洒，这种境况是最耗费美好时光的。事实上，一个人在追求成功的道路上，问题不是要说服自己是不是聪明，而是要确切地明了自己在哪方面聪明，并且实现自己某方面的聪明潜能。每个人都有自己最擅长的事，最喜欢的事，每天都有许多事可做。但有一条原则不能变，那就是无论你做的是什么，那一定要是你最能发挥自身潜能、最能实现人生目标的事。

生活的大多数人，总是羡慕那些事业有成之士，盲目地效仿别人去做某件事，从没了解自己是否擅长。他们不能认清自己的专长，了解自己的能力，总是在别别扭扭地做着自己不喜欢、不擅长的事，以至于工作中没有足够的热情，不能脱颖而出，更谈不上成就大事了。

许多杰出成功人士的经历说明：假如你不仅知道自己能干什么，而且知道自己不能干什么，在充分发挥才能优势的基础上、在扬长避短的前提下选择你的起点、着力点和努力方向，你就能少走弯路。成为你自己，必须坚守自己的追求、个性和风格。合理的意见或建议当然要听，但是你应当有主见，根据自身的特长和爱好，尽力去获得最适合自己的理想的人生。

正确地判断自己的人生，把握好生活

“人生不断出现三岔路口。命运之星在此等候。”面对人生道路上不断出现的岔路，人们不断有着二者择一的自由。所谓自由就是判断，人的一生是判断的一生。

那么，怎样才能正确判断自己的人生，进而为更好地发展自己奠定良好的基础呢?

(1) 切忌自我欣赏高傲自大

人类容易自我欣赏，忽视自己的缺点。但如果过度“孤芳自赏”，过分相信自己，就有可能落入自己亲手掘成的陷阱中。

自负之人对他人进步会产生一种深深的嫉妒与憎恶。其常见反应有两种：一是诽谤贬低别人。“那家伙没真的，表里不一，他一定是靠不正当手段晋升的。”二是自我贬低。“啊！他真了不起，我这号人物和他比不了。我天生能力差，什么都干不了。”持这两种态度的人是愚蠢的。

最健康的态度，应是仔细分析平时自己无意吐露的话语，借此判断自己的性格、心情，加以反省，承认别人的进步，并努力赶上或超过。

(2) 不要因自暴自弃而停滞不前

看不起自己的人，终有一天会变得无所作为，别人也会在不知不觉中开始轻视他们。

有些人自卑感强烈，表明他内心非常希望超过他人。之所以自暴自弃，是因为假设的标准过高，差距过大。不过，自卑之人有时可以通过某种机缘，抛掉自卑感，转而奋进，迅速成长。令人惊异的是，历史上许多名人都为自己的贫穷、门第、身份、学习成绩以至身体状况而深感自卑，但他们把这一切化成了反抗奋进的动力。

(3) 要用适度的自信带给自己进步的力量

人类的基本要求之一是希望不断发展。有了自信，人身上潜在的可能性可以得到不断开发，可以持续燃烧。但这种自信如果过分，如果产生了强烈的自我显示欲望，就会被人厌弃。

真正自信的人对褒贬往往持超然态度。他们认为如果某一天自己能得到别人的承认，则感到幸运；即使得不到承认，也内心坦荡。

(4) 变“得到”为“付出”

一般年轻人在精神和物质两方面均从父母、兄弟、姐妹以及老师、前辈、上级大量“得到”，面对上述人等的报答以及对社会的贡献却微不足道。

优秀人物则常常向外“付出”。在公平交换的人生中，他们“付出”多于“得到”。但他们以对人类有所贡献，施舍精神财富，能够赢得“生存意义”这种价值最高尚的无形的报酬而满足。

(5) 健康检查是“付出”人生的保证

肉体健康检查固然重要。同时，还应从各个高度对自己的精神进行认真检查，以期准确判断自己。

精神检查，首先应从教养方面入手。教养是一个人心灵的营养，相当于肉体的营养。教养是一种谅解，有教养的人能站在对方的立场上思考问题，关心他人的一切活动，尊敬在各种领域中有所创造、对社会有贡献的人。

(6) 根据自己的能力扎扎实实地攀登

每个人都应该精心设计自己的奋斗计划和目标。

目标设定之后，必然需要制订相应的计划。为了实现最终目标，应事前考虑好完成计划需要多少时间与停顿，以便能扎扎实实地沿着通往目标的阶梯前进。阶梯的数量是由目标的高度决定的。我们把每一级阶梯算作小目标，把中途的平台称作中目标。

只要多设定一些符合自己能力的阶梯，一步步登攀，那么，即使是能力微小的凡人，也可像登山英雄征服喜马拉雅山那样，达到似乎不可企及的高峰。

(7) 以乐观的态度对待生活

人们可以自由选择人生观。为了成功，应该采取一种乐观的、积极的人生观。从好的方面去解释事物，即使身处逆境，也应相信好运一定能来临。持有这种人生观的人，一定是很幸福的。

尤其重要的是，我们应相信只要努力就能给自己及社会带来益处。这种益处可能未必与金钱、地位、名誉相联，但它一定会以某种形态对自己的人生有所充实，对社会产生某种作用，这也就足以令人满意了。

(8) 不可有逃避现实的休假

在自己的工作乏味、缺乏变化时，所谓休假极易成为一种逃避现实的活动，以致有些人最终把休假作为自己工作的目的，本末倒置可谓不幸。

出自兴趣的业余活动有积极作用，可以充实丰富社会。单纯的娱乐活动则容易腐蚀一个人的人格，导致家庭悲剧，给社会带来消极因素。

（9）确认自己心中的上进心

我们应该确认自己心中的上进心，高度评价他人潜藏着的上进心。这是明智的生活方式中的基本方针。

如果一个人能把握以上所述的人生判断原则，那么，他的前程将不会黯淡。

为了成功，要执着地追求自己的梦想

大多数人距离他们的目标，只缺少了一个正确的决定。而且对大部分人来说，这个正确的决定其实就是下决心、对自己说："我决定展开行动，追求目标。"

在这世上，没有什么比一个决心达成目标的人更有力量。然而，在你下定决心之前，你必须先了解几件事情。

首先，千万不要把如何实现梦想和梦想本身混为一谈。

你的第一个决定应该非常具体、明确："我到底想要什么？""我想成为什么、做什么、拥有什么、排除什么、追求什么以及获得什么？"

你应该将你的决定，用很简单的句子"我想要……"来表达任何你真心想要的东西或想做的事情。

从某个角度来说，这有点儿像是一个小孩儿得到妈妈的同意，带着10块钱在糖果店里，自由选择任何他想到的糖果。不要给自己任何限制，你唯一需要确定的是：这真的是你想要的吗？这就是你立刻想要、一直想要，而且非常想要的事物吗？如果答案是肯定的话，那么请排除所有你曾经自我设定的障碍，并且大胆直接地说："是的，我全心全意地想要……"

其次，不要臆测你的梦想。

当你专注于自己真心想做的事情时，你必须先将你以前所有说过的话、做过的事放在一边，切断你的后路。从现在开始，只剩下你和你的梦想，你已经不能回头了。就像你刚靠着一根摇晃的蔓藤越过山谷一样，现在的你无路可退，你已经站在山谷的另一边，接下来要面对的是：你该如何完成你的梦想。

如果你将“如何”完成你的梦想，和“什么”是你的梦想混为一谈，那么你将永远一事无成。因为这个“如何”将会一直打击你，并阻碍“什么”的完成，最后你将失去尝试的勇气，不愿意再跨出下一步。

如果你开始臆测你的梦想是否会实现，那么你将失去追求梦想所需要的动力。

许多人都在等待一个安全的环境，他们希望等所有的绿灯都亮了以后再出门。抱持这种想法的人，一辈子也无法走出家门。

管理大师彼得·杜拉克说：“预言未来的最可靠方法就是创造未来。”所以，在你确定了目标和使命之后，就应该尽快地着手做起来。

不管你想干好哪一行，这道理都一样，你应该尽快做起来。如果想成为优秀的作家，就赶紧坐下来写；要成为成功的商人，就赶紧练习推销的技巧；向成为杰出的画家，就赶紧练习画画儿！然而，人们却往往被一些不良习惯缚住手脚，最终使自己不能前行。他们留恋过去，他们制造借口，他们拖拖拉拉。因此，他们只能在生活殿堂的边缘徘徊，而不能在生活殿堂的中心勇敢地留下自己的足迹。所以，为了成功，你需要的不是放弃自己的梦想，而是执着的追求。

追逐自己的人生理想
要付出一番辛苦的努力

法国著名微生物学家巴斯德年轻时曾写下这样一段名言：“立志是一件很重要的事情。立志、工作、成功，是人类活动的三大要素。立志是事业的大门，工作是登堂入室的旅程，这旅程的尽头就有个成功在等待着，来庆祝你的努力结果……”“成功”的最基本的前提便是要有强烈的成功欲望，而要取得“成功”，就必须有成功的目标，那便是立志。

古往今来，许多名人都是在年轻的时候就立下了明确的志向，这为他们以后做出成就打下坚实的基础。

蒸汽机的发明者瓦特完成蒸汽机制造时虽然是 27 岁，但是决心投身于科学器具的制造的年华却是 10 年前，在他十七八岁的时候。

虽然更多的事业成功者都精力了漫长的等待和很多的波折，但是细究他们成就事业的背景，大都是发端于年轻时的远大志向。当然，事业的成功并不是一蹴而就的，它需要创设一定的条件，把握住青春年华的每一个机遇；它是一个过程，一个需要付出艰苦劳动，克服重重困难的过程；它需要战胜挫折和失败，以坚韧不拔的精神经受住时间的考验。也就是在这样的经验的积累之上，成功才悄然来到你身旁。

为了获得卓越的人生，充分相信自己，努力去追逐自己的人生理想是非常重要的。

追逐自己的人生理想看起来简单，实施起来却要付出一番辛苦的努力。生活在现代社会中，做一个随波逐流的人，要比依照自己的鼓声节奏前进的人要容易得多。一个人要做到无论何时都能够把握住自我，不管大家现在都做些什么，也不管目前正好流行什么，是需要相当的自信与独立的。

在追逐你的人生理想的时候，你必须信任你的直觉，感觉什么是对的，什么是错的。当初哥伦布的船上船员都力促他返航，但他不为所动，继续他的航程。你必须学着培养“独立自主”的能力。它与自信非常相似，但却不全然相同；它与狂热也相近，而狂热正是独立自主的持续动力。

正如一位哲人所说：“除了你自己之外，绝对没有一个人对你的命运操有最后的决定权。”

你敬重父母、朋友，但是你最亲密的友人是你自己。你要先和自己做朋友，要先敬重自己；在博得别人好感之前，先获得自己好感，你拥有的最大财富，是你对自我能力的评价和对未来的规划。不管是谁，都不能把它夺走。假如有人这样做，那是他固执己见，想要让你过他的生活，而非你自己的生活。

当然，你可以聆听父母、朋友的忠告，可是在最后关头，要自己决定想做什么。只要你想做的是在自己能力、知识范围之内，只要你想做的不会损害他人，那么，积极地向你的目标迈进，不要让任何人使你在航程中转向。因为你必须信任你的目标，你必须到达你的目的地。

你的目标和父母、朋友的目标是不相同的，你必须要做你觉得非做不可的事，那是你应该行使的权力。换句话说，要相信自己，选择适合自己的事业。千万不要选择适应别人的事业，那是失败和苦恼的开端。尊重他人坚守的原则，也就是尊重自己坚守的原则：你，才是自己命运的主宰。

努力运用自己的天赋就能把握未来

很多人固执地相信，各行各业的成功人士都天生就是这块料，一生下来就注定将来要吃这碗饭的。因此，他们的这种观点严重地束缚了自己的选择，不知失去了多少自我发展的可能性。

当然，世上真有一些人，他们生来就漂亮，注定成为照相机的宠儿，因而当了成功的模特儿或男女演员。相反的是，传奇歌手托尼·本尼特曾经严重怯场，而不得不努力克服这一弱点。不过，也有人显然生来就要吃演艺圈的饭。有人生来具有运动天赋，比如迈克尔·乔丹及艾密特·史密斯。然而，就连我们心目中的“天生赢家”其实也不全是真的，原因有两个方面：第一，他们数量太少、太罕见、太不合常理了；第二，他们也要勤奋工作，并努力运用自己的天赋，把天赋变为优势。

大多数的成功人士尽管在各自的领域里表现卓越，看起来轻松自如，但他们绝对不是天生就做得到的。

比如，几度被“吉尼斯世界记录”列为“世界上最伟大的营销员”的乔·吉拉德，在他 49 岁时，已连续 11 年被评为头号汽车营销员。那么，这么说，他应该一定是位“天生的营销员”吧？其实不然，吉拉德中学时曾被逐出校门，当了不到 100 天的兵，还曾被 40 余家公司开除过，连当扒手都没有如愿以偿。吉拉德小时候还有结巴的毛病。你能想象出一位结结巴巴的营销员或演讲者该是啥模样吗？他说：“人们都说我是一位天生的营销员，其实错了。我现在告诉你们，我是全靠自己的努力才成为‘天生的营销员’的。像我这样的人从头开始都可以办得到，那么，谁都办得到。”

再来看英国“维金航空公司”的理查德·布朗森，他称得上是最成功、最杰出、最知名的企业家之一。他盯上航空界巨人“英国航空公司”，打得人家落花流水。这25年来，他涉足的领域无不火爆。作为资产数百万的企业集团首脑，他真是令人不可思议。他在自己家里运筹帷幄，连计算机都不会用，全靠纸和笔记本，又常常喜欢一头扎进自己完全不了解的行业中去。最有意思的是，他从19岁以来，就深受众人瞩目，他多半靠鲜明的自我推销个性及媒体的报道，成功地经营自己的企业。然而，私下里他却很害羞，表达能力也有时含糊不清。在中学时他曾辍学，丝毫没有成就今日事业的教育背景。尽管几十年来他也频频接受采访、在电视上抛头露面，公开演讲，但他显然对这一套觉得很不自在。布朗森的自传《童男之王：理查德·布朗森的商业王国内幕》的作者提姆·杰克逊认为，布朗森缺乏安全感和不自在的感觉，来自于他小时候在学校时成绩不好，书也没念完。因此，如果把布朗森的成功说成是“天生的”，实在是不可能的。尽管如此，布朗森还是成为了亿万富翁。

如果你很想做某件事，却有人告诉你缺乏这方面的天赋，你不一定要信以为真。你不妨放开手脚去拼一把。你不去亲自试一试，怎么能知道你具备哪方面的天赋呢？喜剧演员瑞德·史考顿、歌手托尼·本尼特及法兰克·辛纳特瑞，都是公认的非常有天赋的艺术家。他们早年都做过画家，并且十分优秀。法兰恩·塔肯顿从运动员改行，成为成功的商人。演喜剧的琼·瑞弗斯弃艺从商，还做了珠宝设计师。圣地亚哥“冲锋者”队的达瑞恩·本尼特，本来是澳大利亚的足球运动员，当年到美国度假时只是想尝试一下当射门员的滋味而已。畅销小说家史考特·塔罗原来是位律师。戴比·费尔德开始经营她的“费尔德太太烤饼”时，丝毫没有这方面的经验，一切都从零开始。然而，她很快就变得具有了从商的“天赋”。事业成功后，她尝试演讲，证明了自己是个“才华洋溢、精力充沛、富有效率”的专业演讲者。

你过去对自己天赋及能力的看法，你过去发挥或缺乏天赋及能力的经验，别人对你的天赋及能力的意见等等过去的一切，都可能影响你的前途，你不应该任由这一切主宰你。你应该自己把握、决定你的未来。

每个人都应该去寻找并发现自己能比别人做得好的领域。打个比方，不是谁都可以当大企业家。有人觉得自己适合做企业家，那是因为他们还没有失业的缘故。不过，这并不能表示你就能做大企业家。要想做一名成功的企业家，你必须有远见、有抱负，不怕挫折，忍受孤独寂寞才行。这可不是每个人想拥有的性格。

有不计其数的人，还没有弄明白自己到底喜不喜欢这一行，就急于培养自己在这方面成功的技能和特质。许多年轻人常常会说：“哪些机会抢手做哪一行就好！”作为一个聪明的人，要说的应该是：“对我来讲，做哪一行最好！”每个人得到的答案都大相径庭，不同的人有不同的答案。最好根据你个人的个性特点及想达到的目标，再决定你应不应该做某一行。

知道自己要做什么，
也知道应该怎样去做

所有成功的人生都有一个突出的特征，与未成功者截然可分。这就是生活的强烈方向性——即始终携带着迈向卓越人生的行动计划，无时不对自己随时随地的去向一清二楚。他们有目标，也有行动，知道自己要做什么，也知道应该怎样去做。他们确定目标，同时又决定通向那个目标须走的道路。他们的人生是有计划的人生。

那么，为了追求卓越，应该怎样确立自己的奋斗目标呢？下面几个因素是必须考虑的：

（1）从内在自我实际出发

目标的选择与确立是与人的世界观、人生观、价值观紧密地联系在一起的，确立自己的奋斗目标，首先应当认清什么是自己内心的真实需要，从满足自己的真实需要出发，确立自己的奋斗目标。如果由别人来确定你的奋斗目标，或者自己在没有搞清自我的真实需要而盲目确定奋斗目标，那么当你为之奋斗半生时，一旦发现它并不是自己所需要的，它对自己毫无意义时，你就会后悔终生，或者犹如航船失去航向，难以到达成功的彼岸。

从内在自我实际出发选择事业目标时，还必须把精力集中在一个目标上。不能这山望着那山高，摇摆不定，见异思迁。记住：有所弃才有所得，

有所不为才能大有作为。优柔寡断，左右徘徊，兴趣广泛，见什么爱什么，见什么学什么，整天东一榔头西一棒子，到处都撒了一点儿胡椒面，最终必然是一事无成。这不能不说是人生的一大悲剧。

（2）以重大社会责任感考虑社会的需要

人生在世，有在这个社会中生存、成长、奋斗的权利，也对社会承担着责任。一个人只有把自己奉献给社会，自己的生命才更具有价值；而一个人只有按照自己的真实需要，充分运用自己的创造力，才能为社会做出最大的贡献。古往今来，伟大而崇高的人生目标，无不与社会需要相联系，无不与国家和人民的利益相联系，无不与奋斗献身精神相联系。

考虑社会需要选择事业目标时，必须充分了解社会需要，能够预见社会发展变化的趋势，掌握时代的脉搏，高瞻远瞩，具有远见卓识，不为暂时的利益得失所左右。历史上很多人失败的教训，不在于他们没有知识和才能，而在于他们没有远见卓识，在于他们患得患失，不能跳出狭隘利益的小圈子，缺乏献身的精神。

（3）把大目标和小目标结合起来

人生的目标可以粗略地分为两种：一是人生的大目标，比如，20 年后你希望成为什么；二是中短期目标，即一年之后你应该做些什么。而这两点你都应该有一个明确的认识，并且做出自己的选择。

人生的大目标是你生活的一个总纲，支持着你大半生，甚至一辈子的工作与生活。在成长和拼搏的过程中，人生的大目标都会指引着你渡过一个又一个难关，走向一个又一个成功。

如今这个世界瞬息万变，人生漫漫几十年，谁也无法预料几十年的自己将会是怎样一副模样。情感、事业、家庭，无一不时刻拨弄着我们的心弦，影响着我们的生活。尤其是年轻人，更不知如何去预料和把握未来的世界与人生。

在这种情况下，你更应该树立起一个远大的目标，这样，你的人生就会变得明确而有意义，也就不再害怕漫漫长夜、世事的变迁和命运的坎坷。

无法知道自己能否做到最好，就尽力让自己做得更好。

正如一个庞大的计划会有许多细节一样，你还必须制订出中短期的目标规划，然后踏着这些阶石走向成功。

你可以给自己定下一些细小而明确的目标，比如半年内完成财会班的自学，一年内掌握投资的技巧，三年内升至部门的副主管……当这些目标一个接着一个实现的时候，你就会一步步地接近成功。一个看起来很大的梦想，只要把它化作奋斗目标，并且分步细化，那么就比较容易实现了。

一个真正的目标必须具有一定的挑战性

美国潜能成功学大师安东尼·罗宾说："如果你是个业务员，赚1万美元容易，还是10万美元容易？告诉你，是10美万元！为什么呢？如果你的目标是赚1万美元，那么你的打算不过是能糊口罢了。如果这就是你的目标与你工作的原因，请问你工作时会兴奋有劲吗？你会热情洋溢吗？"

如果你是一个学生，只为分数而学习，那么你也许能够得到好分数。但是，如果你为知识而学，那么你就能够得到更好的分数和更多的知识；如果你为做生意而努力，那么你可能会赚很多钱。但是，如果你想通过做生意来干一番事业，那么你就有可能不仅赚很多钱，而且会干一番大事；如果你只为薪水而工作，你有可能只能得到一笔很少的收入。但是，如果你是为了你所在公司的前途而工作，那么你不仅能够得到可观的收入，而且你还能得到自我满足和同事的尊重。你对公司所做的贡献越大，就意味着你个人所得到的回报就会越多。

当你问起NBA职业篮球高手"飞人"迈克尔·乔丹是什么因素造成他不同其他职业篮球运动员的表现，而能多次赢得个人或球队的胜利？是天分吗？是球技吗？抑或是策略？他会告诉你说："NBA里有不少有天分的球员，我也可算是其中之一，可是造成我跟其他球员截然不同的原因是，你绝不可能在NBA里再找到我这么拼命的人。我只要第一，不要第二。"

你或许会感到不解，到底迈克尔·乔丹拼命不懈的动力来源于何处？那是发生于他念高中一年级时一次在篮球上的挫败，激起他决心不断地向更高的目标挑战。就在这个目标的推动下，飞人乔丹一步步成为全州、全美国大学，乃至于NBA职业篮球历史上最伟大的球员之一，他的努力一一改写了篮球比赛的纪录。

那天，乔丹被学校篮球队退训。回到家，他哭了一个下午。在那个重大打击下，他原可能就此决定不再打篮球了，可是没有，他反而把这个教训转变为强烈的愿望：为自己制订一个更高追求的标准、更高达成的目标。他的决定出自内心且很坚决，由此改变了自己的命运，也让篮球比赛的发展为之改观。

他不仅要重新成为球队的一员，并且还要成为最棒的。

在升高二之前的暑假中，他找到校队教练克里夫顿·贺林去寻求帮助，每天在他的指导下进行密集训练。终于，他被选为校队参加比赛。10年之后，他更证明了NBA芝加哥公牛队教练道格·柯林斯的见解：准备得越充足，幸运就越会跟着来。经常有很多人不愿意给自己制订目标，因为害怕失败所导致的失望，然而他们却不懂得“设定目标乃是成功的基石”。

你的目标中必须含有某种能激励你自我拓展、自我要求的要素，而这些要素也会帮助你不断成长、改变、进步。

一个真正的目标必定充满挑战性，正因为它具有挑战性，又是由你自己所选择的，所以你一定会迫切地想完成它，换句话说，你的目标不仅是一种挑战，同时也是激励你的原动力。

当你列出自己想成为的人、想做的事及想拥有的东西，又在每一项中圈选出你认为最重要、最具挑战性事情后，再尝试找找看其他重要的答案，你可能会需要用不同颜色的笔，在每一项中标示出两三件对你而言重要的事情。

仔细地衡量这些事情，并问问你自己以下的问题：

我是否看出其中的连锁关系呢？这些我所认为重要的事情，彼此间是否存在某种程度的关联呢？

我是否找到三大要项——我想成为的人、想做的事、想拥有的东西，三者之间也有一定的关系呢？

试着找出它们的关联，而最终你会发现在你的生命中，它们紧密地交织在一起，无法分割。这就是你想成为的人，这就是你想做的事，这就是你想拥有的东西。

无论如何，你可以从你所选择的重要项目中，发觉其间的关联性。也许你会在这些关联中有新的发现，进一步找到发展兴趣的新方法，或为自己创造出新的能力及特质。果真如此，那么你将会在这个过程中，发现自己源源不断地创造力！

设定超越自我的目标对你人生方向的影响，一开始可能不是很大。那就像航行在大海里的巨轮，虽然航向只偏了一点点，一时很难注意，可是在几个小时或几天之后，便可能发现船会抵达完全不同的目的地。

有限的目标会造成有限的人生，所以在设定目标时，要尽量伸展自己。在这里，你将会学到如何确定你的目标、设定你的美梦和你的愿望，学到如何能够保持志向和促其实现。

不知你是否玩过拼图游戏？若你在人生中没有清楚的目标，就好像不知整个面的全貌，乱拼凑生命。当你知道了自己的目标，便能在脑海里描绘出一幅图画，让神经系统得以按图索骥，找到最需要的资料。

有些人似乎经常迷失方向。一会儿向东，一会儿向西；一下子试试这，一下子又试试那，似乎永远没有定向。他们的问题很单纯，就是他们不知所追求的是什么。如果你也不知道所追求的是什么，那就永远不会有击中目标的一天。

你得先有目标，尤其是得全心全意地去做。如果你只是随手翻翻，不会对你有什么帮助。希望你能够坐下来，手里有支笔和一张纸，写下自己未来的目标和计划。

找一个让你觉得最舒服的地方，不管是你喜爱的书桌，或是角落里照得到阳光的桌子，只要能让你心静的地方，花一个多钟头好好计划一下你未来的希望：做些什么？看些什么？想些什么？成为什么？相信这会是你一生中最宝贵的时光。你要去学习如何设定目标和预测结果，你要画出一张人生旅程的地图，你要勾勒出自己的去向和路径。

一开始要先给你一个忠告，就是不要给自己设限。当然，这并不是要你完全抛弃常理。如果你身高只有 1 米 5，就别指望参加篮球投篮比赛会赢，因为不管你怎么试，也是不可能的，除非你踩着高跷。或许不给自己设限，会把你的注意力从你最在行的事上移开，不过从另一方面来看，这又何尝不是帮助你移开可能的限制呢？有限的目标会造成有限的人生，所以在设定目标时，要尽量伸展自己。唯有你自己去确定目标，才是唯一能实现期望的方法。

目标和要求要在自己能力范围之内

前面提出的是要设定超越自我的目标，必须要指出的是，这并不是说在制订自己的人生目标的时候可以随心所欲，目标要适当高远，而且一定不可超越了自己的能力！

从某种程度上可以说，人生最大的痛苦之一源自追求完美。由于刻意追求完美，我们不能容忍缺陷的存在。结果，一点儿小小的缺陷，往往就可能遮蔽住我们审美的眼睛，使我们的目光滞留在缺陷上，而忽略了周围其他的美好之处，以致错过了许多美好的东西。

世上没有十全十美的东西。所以，我们在认识自我、看待别人的时候，不要过于求全责备。何必一定要追求光彩夺目、无可挑剔呢？如果是无伤大雅的缺憾，那就不必耿耿于怀。

很多人在年轻时都有远大的理想，认为自己无论做哪一行，都必须出类拔萃、与众不同：如果当科学家，就应该像爱因斯坦、爱迪生一样；如果当作家，就应该获诺贝尔文学奖……总之，自己应该是天才，应该受到万人景仰。

很多年过去之后，我们会发现，原来自己不过是个小人物。当我们发现了这一点后，也许会一时很难接受这个现实，我们的心会很痛，痛的过程可能会持续很长时间。但是，我们必须认识到：这个世界上机会的确很多，但与人的数量相比仍然少得可怜，芸芸众生中最后胜出的肯定只是一小部分，90%的人注定要做平凡的小人物。

接受了这个有点儿“残酷”的现实后，我们会发现当一个小人物也不错。尽管生活中酸甜苦辣咸五味俱全，但我们过得踏实；虽然不完美，但它有自己的意义——一种只有亲身体会才能说出的意义。

追求完美的人以争取高水准为乐，他们要求的是卓越表现，并且完全用成就来衡量自己的价值，结果他们便变得极度害怕失败。他们感到自己不断受到鞭策，同时又对自己的成就不满意。世上没有永远的胜者，一时的风光，并不意味着一世的顺畅。如果尝尽众人之上的滋味，而后再落人之后，感受的可能就是加倍的悲凉。于是，就不得不拼命向前。然而，在生命的每个阶段，胜他人一筹的诱惑总在眼前，于是，追求完美的人往往将生命变成了一场永无休止的劳役。

追求完美的人最普遍的错误想法，就是认为不完美便毫无价值。这种想法导致他们害怕犯错，而且一旦犯错后，又做出过分的反应。而他们的另一个误解是，相信错误会一再重复，认为："我永远都不能把这件事做对。"他们不会自问能从错误中学到什么，而只是自怨自艾。

无数的事实证明，强逼自己追求完美的人，会引起像沮丧、焦虑、紧张等情绪不安的症状，进而危害健康，而且在工作效果、人际关系、自尊心等方面，也会招致失败。而如果这些人能够放弃追求完美，生活可能会更有意义和更有成就。

假如你目标切合实际，那么，通常你的心情便会较为轻松，行事也较有信心，自然而然，便会更有创造力和更有工作成效。事实上，在你不是追求出类拔萃，而只是希望有较好的表现时，反而可能会获得一些更佳的成绩。

较之于叱咤风云的伟人们那些惊天动地的业绩，平常之人的平常之事，就未免显得平淡无奇了。但是，平常毕竟是生命的主体，也是生活的主体。对于绝大多数人而言，终生将作为平常之人，拥有平淡无奇的生命；就绝大多数职业来说，永远都会是只做平常之事，拥有平淡无奇的记录。即使是灿烂多彩的社会生活，波澜壮阔的英雄之势，惊天动地的历史事件，毕竟也只在很少的时候出现。在绝大多数的时候，社会的脚步也只是悄无声息地移动，犹如一条平淡无奇的河流。因此，对于平淡生活和平凡人生的蔑视甚至否定，只会使一个人陷入一种无所作为的“怪圈”，从而使生命的意义和生活的情趣受到影响。

既然大多数人的人生是平凡朴实的，那么我们就应该以一种极为珍惜的感情，去平平淡淡地生活。这样一来，我们就会发现，平淡无奇的深处也蛰伏着惊人的美丽：熙熙攘攘的自行车流、提篮买菜时听到的吆喝声、厨房里锅碗瓢盆的交响曲……都是值得回味的美好乐章；天上洁白的流云、路边盛开的花朵、与你擦肩而过的少女……都是令你顾盼不舍的风景；而日常生活中，素不相识者的一个笑脸、街坊邻居的一声问候，竟会那样令你感动和陶醉。

不能把平常日子过好的人，不会品味到人生的幸福；不珍惜平常的人，不会创造出惊天动地的伟业。因为平常包容着一切，孕育着一切，一切都蕴含在平常之中。想一想，为了追求人生的辉煌，我们放弃了多少生活的乐趣？本来可以获得很多，但为了达到那不可触及的顶峰，我们忽略了沿途的风景。追求不是一件坏事，但是要懂得了解自己。当你沉迷于那些远大的目标之中时，你衡量过自己的实力吗？有时目标越大，压力越大，挫折感也就越大，人生之苦不都是这样得来的吗？

为了避免挫折，我们应该把目标和要求定在自己能力范围之内，懂得欣赏自己已取得的成就。凡事只追求更好，而不追求最好。这样，我们的心情自然就会舒畅。在人生的路上，我们没有必要总是和别人去赛跑，我们只和自己比赛，忍着疼痛奔跑，带着泪光微笑，才是真实的生命。

及时调整和抛弃不现实的目标

人生是一个不断探索的过程，失败有时并不是由于我们的能力、学识的不足，而是由于我们错误地选择了目标，而失败正是给了我们一个重新思考、从错误中解脱的良机。

美国著名不动产经纪人安德鲁最初是葡萄酒推销员，这是他的第一份工作。他不知道还能干什么，于是他认为自己的目标就是“卖葡萄酒”。最初他为一个卖葡萄酒的朋友干活儿，接着为一名葡萄酒进口商工作，最后同另外两个人合作办起了自己的进口业务。这并非出自热情，而是因为正如他自己所说：“为什么不？我过去一直在卖葡萄酒。”

生意越来越糟，可安德鲁还是拼命地努力，想挽回不利局面，直到公司倒闭。他一直不改行，是因为他不知道还能干什么。

事业的失败迫使他去上一门教人们如何创业的课。他的同学有银行家、艺术家、汽车修理工，他逐渐认识到这些人并不认为他是个“卖葡萄酒的”，而认为他是个“有才能的人”、“多面手”。他们对他的看法使他抛弃了原来的目标。

他开始猛醒，仔细分析，探索其他行业，反省自己到底想干什么。最后，他选择了和夫人一起开展不动产业务，这使他取得了推销葡萄酒永远不能为他带来的成功。

许多职业专家认为，一个人一生中至少要经过两三次变换，才能最后找到适合自己特长的事业；而确定自己合理的目标，则需要同样长的一段时间。

18 世纪英国的大政治家伯基说过：“无法付诸实现的事物，是不值得我们去追求的。在这个世界上，若是经过了解以及正确的追求而仍然无法得到的东西，那么这种东西对我们毫无益处可言。”

日复一日，年复一年，永远要有目标——属于你自己的目标，不是别人强加在你身上的目标。

目标必须是你自己的，否则的话，你的努力便对你没有好处了。身为一个人，你必须澄清你的思想，除去不相干的事件，并深入你的内心，看清你要达到的目标是什么。

在你拟定自己的目标时，不要让惯常的思想夺走你的决心。假如做一张桌子能使你感到满足，那就是一个值得完成的目标——纵使除你以外的人都觉得没有什么价值，那也没有什么关系。如果写一本 500 页的书使你感到厌倦，那就是一个不值一试的目标了。为什么？因为它不能使你满足——尽管别人认为那很重要，你也不必去管它。

凡是目标，不论大小，都有意义——只要它能使你得到完成之感。目标本身没有大小，大小全看你的想法。

英国诗人布朗宁在《一个数学家的葬礼》中写道：

实事求是的人要找一件小事做，找到事情就去做；空腹高心的人要找一件大事做，没有找到，自己的人生道路就走到了尽头。实事求是的人做了一件又一件事，不久就做 100 件事；空腹高心的人一下要做百万件事，结果一件事也未实现。

布朗宁的这首诗生动地说明了制订的目标必须“恰当”、“现实”的重要性。

蜘蛛猿是一种很有趣的动物，它是生长在中南美洲、很难捕捉的一种小型动物。多年来人们想尽方法，用装有镇静剂的枪去射击，或用陷阱捕捉它们都无济于事，因为它们的动作实在太快了。后来，有人想出了一个办法，在一个窄瓶口的透明玻璃瓶内放进一粒花生，然后等待蜘蛛猿走向玻璃瓶，伸手去拿花生。一旦它拿到花生时，你就可以逮到它了。

因为当时蜘蛛猿手握拳头紧抓着那颗花生，所以它的手抽不出玻璃瓶；

而那个瓶子对它来说又太大了，使它无法托着瓶子走。但它十分顽固——或者是太笨了——始终不愿意放下那粒已经到手的花生。就算你在它身旁倒下一大堆花生，它也不愿意放开手中那粒花生，所以这时狩猎者便可以轻而易举地抓到它。

生命中有些时候，为了追求更远大的目标，你就必须先放下手中的那粒“花生”。这不是冒险，而是你愿意改变一些习惯，使自己更有弹性，愿意在尝试新的方法之前，先放弃一些暂时的利益。

要充满激情地去追求自己的梦想

几十年前，一位青年住在美国犹他州的首府盐湖城，靠近大盐湖。

他是一个勤勉的人，工作非常努力，生活非常节俭，他的所有朋友都对他的良好习惯赞不绝口。然而有一天，他做了一件反常的事，使得许多人都怀疑他的判断是否明智。

他从银行里取出他的全部积蓄，一共有 4000 多美元，到纽约市汽车展销处买了一部新车。在人们看来，仅此似乎还不足以显示他的“愚蠢”——更有甚者，当他把新车开回家后，就把车开进他的车库里，顶起 4 个车轮，动手拆卸汽车，一件一件地拆，直到整个车库摆满七零八落的汽车零件。他仔细地检查了每个零件，然后又把汽车装好。人们觉得他简直发疯了，而他却不只是一次，而是多次拆卸汽车，再把汽车装好。大惑不解的人们开始嘲笑他了。

几年后，那些嘲笑过他的人不得不改变看法，并已深信不疑——他有明智的见识。这个反复动手拆装汽车的青年就是沃尔特·珀西·克莱斯勒。他开始制造汽车了，他的产品领导了整个汽车工业。他在汽车这个领域里还做了许多有价值的改进和革新，他成功了。

每件存在的事物在开始时只是一个想法。你有许多伟大的想法，你只需要让你头脑中的杂音沉寂下来，让你静静地倾听。没有人知道，今天的一个伟大想法或主意将走得多远——或者，明天它将触及何人。

发人深省的思想创造发人深省的梦想。几乎所有幸运的人都有一些成功的故事，而成功的故事皆始于一个伟大的想法，这个想法滋养着人的信念。而许多拥有成功故事的人物，面对的是最大的逆境。成功意识戏剧般地把一个极普通的青年推入正在成长的汽车工业浪潮中，并且把他高高地推到浪尖上，使他用新观念领导他的整个领域。克莱斯勒的“疯狂”中蕴含着一种目的、一种方法。他的“确定的目的”有效地培养了他的成功意识，使他大胆开拓，走向成功的巅峰。

一个人不会缺乏才能，往往缺乏的只是目标，这种缺乏使得他的生命停滞不前。我们的责任心让我们完成每天的目标，而我们对自己能力的自信，让这些目标在完成的同时还在增加。因此，我们未来的生活水平会提高。如果我们更加坚持自己的目标，我们就会更加相信自己，我们的生活就会更美好。

过去目标的大小，决定我们目前的生活水平；对未来目标的大小，决定着我们未来的生活水平。

你的目标要够远大，够有胆识，而且要够令人兴奋，这样你才可以好好地开始完成它。只有这样，加上你的目标指向的是正确的方向，你才会发现一些奇迹开始出现。你将在追求梦想中开始变得有激情，你将开始把事情越做越好，成功的大门也将开始为你敞开。

理想的主要目的是为了帮助发展未被开发的潜能。目标激励我们去行动。我们努力工作，克服障碍，而实现了的目标，就是对我们付出的努力以及实现的成长的奖赏。这极大地鼓舞了我们的信心，这种循环将继续下去。

远大的理想不是限制，而是释放。只有那些让你追求不健康和不道德的成果的目标，才会令人疲惫不堪。不幸的是，许多人花费了大量精力去追求那些消极的目标。

你的目标是什么？你的目标应该使你的过去、现在和将来都有意义。一个没有远大理想的人，显然看不见自己美好的未来！

确定你的目标有以下特征：令人兴奋；现实性的；可量化的；可达到的。

最好的目标会推动你立即付诸行动。明确的目标能让你集中自己的注意力，而举棋不定则会消耗你宝贵的时间和精力。

你的目标必须足够令人兴奋，足够有影响，而且一定要基于你已得到的令人振奋的成果，这样你才不会忽视它。如果你的目标不能立即激励你，你就应该马上修正它！

你应该花点儿时间把你的经济、生活方式和个人成长三个方面各写下一个重要的目标。经济方面的目标可能是比目前每年多赚 5 万元，或者是通过完成一个重要的项目而获得升职；生活方式的目标和你选择的生活道路有关——可能你想买一座新房子；个人成长的目标要能够帮助你回答这个问题：“今天我干了什么？”

对每一个目标，你要问自己以下问题：在这个领域中我能够成为什么样的人？在这个领域的一年内，将有什么值得我回忆和自豪的事？为了在明年完成它，我需要做些什么？在这个领域里，从现在开始的 5 年中，将有什么值得我回忆和自豪的事？为了完成这个 5 年计划，我应该做些什么？

然后，每周为你的“三大目标”进行努力。不断问自己：“为了按时把这个目标变为现实，下一步我该做什么？”当你找到答案时，就把下一步行动写进你的日程表中，然后行动！

第三章

让自己积极行动起来去强化未来记忆

管理大师彼得•杜拉克说：“预言未来的最可靠方法，就是创造未来。”成功者与失败者的最大差别往往不在于知，而在于行。如果只是设定目标而不去行动的话，那它永远只能是幻想。成功取决于行动，行动重于一切。伟大的生活目标不是目标，而是行动。只有你的行动，才能决定你的价值。大多数人距离他们的目标，只缺少一个正确的决定。而且对大部分人来说，这个正确的决定其实就是下决心对自己说：“我决定展开行动，追求目标。”

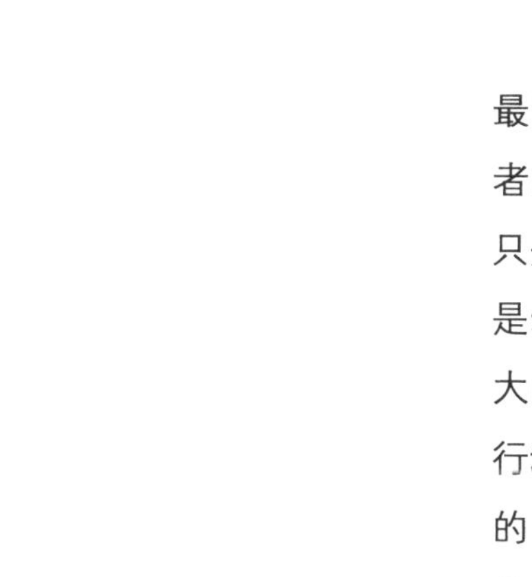

成功在于意念，更在于行动

制订目标是为了达到目标，目标制订好之后，就要付诸行动去实现它。如果不化目标为行动，那么所制订的目标就成了毫无意义的东西。目标再伟大，如果不去落实，则永远只能是空想。

实际上，相对来说制订目标倒是很容易的，难的是付诸行动。制订目标可以坐下来用脑子去想，实现目标却需要扎扎实实的行动，只有行动才能化目标为现实。

爱迪生是著名的科学家、发明家，他的全部发明多得叫人简直难以相信。1928 年，美国国会颁发给他一枚金质奖章，估计他的发明对人类的贡献约值 56 亿美元。这些发明对我们今天的价值实在太大了，几乎是无法估计。

爱迪生的全部学校教育总共只有 3 个月的时间。在校期间，他的老师曾说他是一个只会做白日梦的少年，断言他的一生绝不会有什么成就。

然而，爱迪生终于成功了。他的秘密在哪里？

其中之一是，他具有设定目标的能力和追求目标的热情。一旦设定一个目标之后，他便使他的生活去配合那个目标，使它成为他的生命。因此，他把生命献给自己的目标，并从目标中获得生命，直到“空气中发出了电的火花”。

爱迪生竭尽全力去阅读跟他的计划有关的书——读了一本又一本，读完了再买。

等他读够了书，使他足以从事实验之后，他才在他的实验室开始工作。接着他不分昼夜地工作，往往在清晨8点钟进入实验室，不到次日凌晨两三点钟不肯罢手。他的注意力总是十分敏锐确切，连一个动作也不会浪费。他从事数以百计的实验工作，选取和抛弃实验模型，忍受不可避免的失败，但他勇往直前，不达目标绝不罢休。

爱迪生有明确的目标，并且是经过审慎的选择。他对目标专注并倾注全部热情，加上丰富的想象和智慧，使他成为了人类历史上伟大的发明家之一。

但是，相当多的人制订了目标之后，便把目标束之高阁，没有投入到实际行动中去，结果到头来仍然是一事无成。

如果你个人成长的目标是一年之内学好爵士舞的话，那么就“先让手指头动起来”，你不妨今天就去翻一翻电话簿找个训练班，随之便注册入学，安排好学习的时间。

如果你的兴趣喜好目标是一年之内买辆奔驰汽车的话，那么就请代理商寄一份有关奔驰汽车的各种资料给你，或者当天下午亲自跑一趟去了解一番。这并不是要你马上就买，只不过当你了解了价钱和性能之后，会更加强你要买的决心。

如果你的事业经济目标是在一年之内赚到10万美元的话，那么现在就立刻拟出必须采取的步骤。到底有哪个已经赚到这么多钱的人可以提供给你建议？你是否得考虑另谋第二份工作来增加收入？你是否应该减少开支，把节省下来的钱拿去投资？你是否应该去创个新事业？你是否需要去寻找什么样的资源？

别忘了，每天你至少得体验一下实现你的目标的成功感受，当然最好是一天两次，一早一晚。每6个月你得重新回顾先前所写下的目标，用以确定它们是否还“活生生”的。当你决心过积极奋发的生活后，相信你必然会有与以往不同的认识，很可能会将先前的目标做某种程度的修改，那么就好好动动脑，增减一番。

万事开头难！要干成一件事情，人们总是觉得迈第一步困难重重，总是下不了决心。于是便迟疑不决，犹豫不定，今日推明天，明日推后天，这样推来推去便延误了时间，也就推迟了成功之日的到来。

一个人要做一件事，常常缺乏开始做的勇气。但是，如果你鼓足勇气开始做了，就会发现做一件事最大的障碍，往往是来自自己的内心，更主要是缺乏行动的勇气，有了勇气下决心开了头，似乎再往下做就会是顺理成章的事情了。

有了第一步，就会有第二步、第三步……这样不断地做下去，你就会发现离目标越来越近，你的目标正在渐渐地化为现实。

朝着你确定的目标持之以恒、锲而不舍地做下去，这便是实现任何目标的唯一办法，除此之外，再没有第二条路可走。

要学会把全部的精力集中在一件事上

意大利著名男高音歌唱家卢西亚诺·帕瓦罗蒂回顾自己走过的成功之路时说："当我还是个孩子时，我做面包师的父亲，就开始教我学习歌唱。他鼓励我刻苦练习，培养嗓子的功底。后来，在我的家乡意大利的蒙得纳市，一位名叫阿利戈·波拉的专业歌手收我做他的学生。那时，我还在一所师范学院上学。在毕业时，我问父亲：'我应该怎么办？是当教师，还是成为一个歌唱家？'

"我父亲这样回答我：'卢西亚诺，如果你想同时坐两把椅子，你只会掉到两个椅子之间的地上。在生活中，你应该选定一把椅子。'

"我选择了。我忍住失败的痛苦，经过 7 年的学习，终于第一次正式登台演出。此后，我又用了 7 年的时间，才得以进入大都会歌剧院。现在我的看法是：不论是砌砖工人，还是作家，不管我们选择何种职业，都应有一种献身精神。坚持不懈是关键。选定一把椅子吧。"

酷暑的阳光，不足以使火柴自燃；而用凸透镜聚光于一点，即使是冬日的阳光，也能使火柴和纸张燃烧。随着科学的发展，人们又进一步把柔和似水的光汇集一束，这就成了无坚不摧的激光武器。这一散、一聚，使光的作用和力量发生了如此巨大的变化！

一个人的精力和时间本来是很有限的，在这种情况下，如果选不准目标，到处乱闯，几年的时间会一晃而过。如果想取得突破性的进展，就该像学打靶一样，迅速瞄准目标；像激光一样，把精力聚于一束。

世界上最大的浪费，就是把一个人宝贵的精力无谓地分散到许多不同的事情上。一个人的时间有限、能力有限、资源有限，想要样样都精、门门都通，绝不可能办到。无论是多么优秀的人，如果不趁年富力强的黄金时代去养成自己善于集中精力的好习惯，那么，他以后一定不会有什么大成就。

追求卓越的现代人，一定要学会把全部的精力集中在一件事上，依靠不屈不挠的意志、百折不回的决心以及持之以恒的忍耐力，努力在人们的生存竞争中去获得胜利。

那些富有经验的园丁，往往习惯把树木上许多能开花结实的枝条剪去，一般人往往觉得很可惜。但是，园丁们知道，为了使树木能更快地茁壮成长，为了让以后的果实结得更饱满，就必须要忍痛将这些旁枝剪去。否则，若要保留这些枝条，那么，将来的总收成肯定要减少无数倍。

那些有经验的花匠，也习惯把许多快要绽开的花蕾剪去。这是为什么呢？这些花蕾不是同样可以开出美丽的花朵吗？花匠们知道，剪去其中的大部分花蕾后，可以使所有的养分都集中在其余的少数花蕾上。等到这少数花蕾绽开时，一定可以成为那种罕见、珍贵、硕大无比的奇葩。

做人就像培植花木一样，与其把所有的精力消耗在许多毫无意义的事情上，还不如看准一项适合自己的重要事业，集中所有精力，埋头苦干，全力以赴，这样才容易取得杰出的成绩。

如果你想在一个重要的方面取得伟大的成就，那么，就要大胆地举起剪刀，把所有微不足道的、平凡无奇的、毫无把握的愿望完全“剪去”。在一件重要的事情面前，即使是那些已有眉目的事情，也必须忍痛“剪掉”。

世界上无数失败的人，之所以没有成功，主要不是因为他们才干不够，而是因为他们不能集中精力、不能全力以赴地去做适当的工作，使自己的大好精力东浪费一点儿、西消耗一些，而他们竟然还从未觉悟到这一问题：如果把心中的那些杂念一一剪掉，使生命力中的所有养料都集中到一个方

面，那么他们就可能会惊讶——自己的事业上竟然能够结出那么美丽丰硕的果实！

现代社会的竞争日趋激烈，所以，我们必须专致一心，对自己的工作全力以赴，这样才能做到得心应手，取得出色的成绩。

要能够全力以赴地追求自己所确立的目标

查尔斯·狄更斯说过：“专心致志是最有成效、最经得起考验的方法。我之所以能够完成我的小说和各种想象，毫无疑问，都是源于我养成了全神贯注的习惯。我每天都会思考，不厌其烦地整理书稿，即使是最不起眼儿的细节也不会放过，任何外界的干扰都不能使我放弃我所专注的事情。”当有人问狄更斯成功的秘诀时，他回答道：“我从来都不会对应该全力以赴的事情掉以轻心。”

有记者问爱迪生：“成功的首要条件是什么?”他回答道：“如果你有一种能够让自己的身心全部投入到同一个问题上而且不知疲倦、锲而不舍的能力，你离成功就不远了。我们每个人拥有的学习、工作、生活的时间差不多，早上 7 点起床，晚上 11 点睡觉。之所以我能够取得成功，是因为他们会在这些时间里做许多许多的事情，而我只做一件，这就是区别，倘若他们将时间和精力放到同一个方向上，他们也能成功。”

分散精力很容易一事无成。生活中很多人之所以没有实现早年确定的目标，主要是因为他们涉足太多领域，养成了见异思迁的习惯，难免分散注意力，结果阻碍了他们获得成功的步伐。没有将全部的精力倾注在一件事情上，便只能学到一些皮毛，而事实上却是在浪费生命。真正的强者都是那些集中精力专注某一领域，并且坚持不懈地探索，最终才成为该领域内几乎无人能与之媲美的专家。所以在确定目标的时候，切忌浅尝辄止和浮光掠影。

英国著名政治活动家、小说家爱德华·利顿说过：

“很多人看到我终日忙碌奔波，事无巨细地做事情，却会为我能够创作出那么多的著作而感到非常惊讶。他们甚至认为我可能会分身术，否则不可能做完那么多工作。我的回答可能更加让他们吃惊：‘我之所以能够做到那一点，就是因为我从来都不在同一时间做好几件事情。’一个善于安排时间的人，肯定不会让自己每天都处于一种疲劳过度的状态中，因为今天过于劳累的话，明天就会觉得更加疲乏，那样将会影响工作的整体进度，那是得不偿失的事情。我能够专心工作是大学毕业步入社会以后的事情。到目前为止，我觉得自己在生活阅历和经验方面，较其他人相比毫不逊色。我去过很多地方，增长了许多见识；从事政治和社会中的各种事务，使我获得了丰富的经验；我还出版了大约 60 卷的著作，涉及了很多值得进一步研究的课题。实际上，我一天之内用来研究和写作的时间还不到 3 小时。如果在国会开会期间，即便是 3 小时或者更短的时间，我都能集中精力、全身心地投入到我的研究和学习中去，谁也不能让我分散注意力。”

我们也不难找到很多在运用精力方面不是很成功的例子。

柯尔律治很有才华，但是他缺乏坚强的意志力，不能承受连续的工作；他只是沉浸于各种幻想之中，从不采取任何实际的行动去实现他的目标，从而浪费了大量的时间和精力。最终在他短暂的人生中，他也只是徒有才华却一事无成。在他活着的时候，他整日致力于不切实际的精神幻想；即便面对死亡的时候，他依然沉浸在幻想中难以自拔。他一生中不停地下定决心、制订计划，但是直到他知道自己即将离开人世的那一天，他都没有为实现自己的目标而采取任何行动。他唯一拥有的就是纸上的计划而已。

尽管有些人能够不断地产生新的目标、新的规划和思想，但是他们从来不专注于一件事，因此所有的事情都没有做好。一味地见异思迁，就像秋天的落叶一样随意飘荡，不知道真正的目标在哪里。英国散文家查尔斯·兰姆在写给朋友的一封信中说道：“柯尔律治离开了人世。据说他遗留下了大约 4 万篇有关形而上学和神学的论文，但是没有一篇是写完了的。”

一个人只要能够全力以赴地追求自己所确立的目标，几乎都能够获得成功，他的成就与其精力集中的程度、意志力坚强的程度是成正比的。伟人之所以成为伟人，之所以能够超过普通大众，主要就是因为他们能够坚忍不拔地沿着确定的目标，专心致志地刻苦钻研，并且不会做分散注意力的事情。

一旦专注某种事物，人们就会将自己有限的资源投入这种事物上，对于别的事物则不会产生兴趣，节约了时间和精力。这种专注能够让你的思维处于连续地工作中，积极地思考必将取得好的结果。同时，专注会蓄集你全身的热忱，你的思维，你的行动会变得积极而迅速。

那种做事漫不经心，懒懒散散，粗心大意的人则不可能取得多大的成就。

那么，在生活中，我们该怎样学会专注呢？如下一些建议可供参考：

（1）转移注意力

这主要针对有强烈自我感觉的人而言。既然注意力在自己身上，有效的方法是将注意力从自己身上转移到别的事物上。比如，开会时关注别人的发言或自己的发言，不要考虑别人会怎么看自己，自己是不是引起了别人的注意。

（2）克服自卑和恐慌

一般情况下，这些消极因素对你的注意力的影响比较大，持续的时间也比较长。当你开始行动时，这些讨厌的东西就会让你难受。你要意识到它们的存在，想办法将它们驱赶掉，采取自我激励的方式，多给自己打打气，尽量将心态恢复到积极的状态中。

（3）克制情绪，保持头脑冷静

当你情绪低落时，最好的办法是马上将自己的思维带入工作中，强迫自己想一些与工作有关的问题，因为思维是持续不断地，你会连续不断地思考下去，直到进入行动状态。也可以利用外界的事物，比如听听优美的音乐，看一件精致的艺术作品或读一篇有趣的故事让自己的情绪调整到最佳状态。只有保持情绪的平静，让大脑冷静下来，才能专注于行动上。

（4）不要人为地分散精力

人的精力是有限的，如果将有限的精力分散到许多事物上，可能每一件事情都办不好。如果集中精力，只干其中的一件事情，可能这一件事发生的作用比干几件事还要大。分散和专注是两个截然对立的行为，切忌三心二意、心猿意马。

要肯于拿出行动去改变自己的命运

无论干什么事情，只停留在嘴上是不够的，关键要落实在行动上。投身慈善事业的切丝黑尔姆夫人曾向朋友谈及她的成功之道，她说：“我发现，如果我要完成一件事情，我得立刻动手去做，空谈无益于事！”切丝黑尔姆夫人的这句话放之四海而皆准。夸夸其谈、哗众取宠而不注重实干的人最令人反感，成功也永远不会光顾这种华而不实、说而不干的人。如果切丝黑尔姆夫人仅仅满足于她的动听的演讲，陶醉于她那美好的计划之中，她自然就永远也不可能超出言谈的范围，她就只不过是一个空谈家而已，人们也就不会相信她所说的一切。但当人们亲眼看到切丝黑尔姆夫人以自己的行动实现了她的计划时，人们才赞同她的观点，才乐意援手相助。

正如一位著名西方学者所说：“最大的成功者，并不是那些嘴上说得天花乱坠的人，也不是那些把一切都设想得尽善尽美的人，而是那些最脚踏实地去干的人。”

第二次世界大战中三巨头之一的丘吉尔，平均每天工作 17 个小时，还使得 10 位秘书也整日忙得团团转。为了提高弛缓的政府机构工作效率，丘吉尔还制定了一种体制，他给那些行动迟缓的官员们的手杖上都贴上一张“即日行动起来”的签条。

今天最有潜力，最有价值。只有今天，才能揭示人生的意义；只有今天，才能描绘意想中“明天”的画卷。“努力请从今日始”应该成为我们的行动格言，应该用智慧开掘今天的宝藏，用汗水开发今天的生活。“努力请从今日始”不仅是人才成功之道，而且是任何有作为的人在不同的领域有所建树的重要条件。

一位青年画家把自己的作品拿给大画家柯罗请教。柯罗指出了几处他不满意的地方。

“谢谢您，”青年画家说，“明天我全部修改。”

柯罗激动地问：“为什么要明天？你一定要明天才改吗？要是你今晚就死了呢？”

“努力请从今日始”，不要想着明天再补。许多人也知道时间珍贵，可总是抓不住，这是什么原因？一个重要的原因是这些人往往只寄希望于“明天”。这些人的一个共同特点，就是喜欢向后“支”时间，总是一次又一次地把希望寄托在明天。所以，许多宝贵的学习时间就这样地在自我安慰中悄悄地跑掉了。他们干一番事业的愿望总在设想阶段。好像一粒种子，在手里老是掂来掂去，总没有机会播到泥土里，让它生根、开花、结果。最后种子也坏了，再也不能种下去了。正如《堂·吉诃德》的作者塞万提斯所讲：“取道于‘等一等’之路，走进去的只能是‘永不’之室。”

一位哲人说：“最好不是在夕阳西下的时候幻想，而是在旭日初升的时候即投入工作。”

为什么人们对于现状明明不满意，可是却不愿意努力去改变呢？那是因为他们知道任何改变都会把他们带向另一个未知，而大部分人对于未知多抱着一种恐惧的心理，唯恐它会带来预料不到的痛苦。无怪乎大家都不愿拿出行动去改变自己的命运。

如果你想实现自己的目标，建立起属于自己的事业，那么，就得抓紧时间，把握现在。人生短暂，不容蹉跎，你在人生中真正能抓住的时间就是现在、就是今天。

从最简单的工作入手，采取积极的行动

现在很多年轻人好高骛远，总是感叹自己没有机会。一位美国成功学大师却说，机会离不开苦干。他指出："人们往往把希望要做的事业，看得过于高远。其实最伟大的事业，只要从最简单的工作入手，一步一个脚印前进，便能达到事业的顶峰。"杜邦公司的创始人伊雷内·杜邦的故事或许对我们每个人都有所启迪。

当伊雷内把开火药厂的想法告诉父亲皮埃尔时，皮埃尔以为他在异想天开。在大家的印象中，这孩子从小就是个沉默寡言的书呆子。皮埃尔对伊雷内的计划不感兴趣，让他自己解决资金、厂址和其他问题，一切由他自己张罗。随后，伊雷内以出色的实干精神证明自己不是个空想家。他干得井井有条。他被生产世界上最棒的火药的狂想鼓舞着，一心扑在上面，东跑西颠筹备着。

他手头的钱不够买一流的设备，一流的设备都在法国；厂址不知道选在哪儿合适，一切都没有着落，他知道自己不可能像小时候那样用试管和药匙把火药生产出来。但他一件事一件事地落实。首先选厂址，为了争取政府的订货，他想在华盛顿附近找地方。但是，经过一番实地考察后，他发现这里没有火药厂需要的激流、森林和花岗岩。

在美国转了一大圈儿，他终于看中了特拉华州的白兰地河畔，这里水流湍急，蕴含着动力，河边的大片森林是未来的燃料，山上的花岗岩可用于提炼硝石。伊雷内站在白兰地河边，抑制不住内心的激动，大声喊道："我找到了！找到了！"就像哥伦布发现新大陆、阿基米德发现浮力定律时那样叫喊。

这里还有大量廉价的劳动力，无数的法国难民聚居在这里，要求的报酬比美国人低得多。他还认识了刚刚被法国政府驱逐出境的富翁彼德·波提，并说服此人入股。就连法国政府也得知了伊雷内的活动。为了增加火药来源以便与英国开战，法国政府火药局向伊雷内提供了先进的生产技术和设备，还督促银行家投资……总之，伊雷内坚持不懈的努力渐渐把各个环节的设想变成了明朗的现实。1802 年 4 月，生产火药的杜邦公司成立了。

这只是个开头，生产和经营中需要解决的问题还很多。伊雷内亲自设计厂房的结构，让它最大限度地减轻爆炸的可能性；他夜以继日、废寝忘食地指挥基建和设备安装。经过一年紧张的准备工作，火药厂开工了。由于动力不足，试生产失败了。

当伊雷内打算在白兰地河上游修建水坝时，有人正抢着干这件事，这些人想控制火药厂的动力源，伊雷内通过法律手段驱逐了他们。

又过了一年，火药才成功地生产出来，它们的质量是上乘的，但它们没有名气，被经销商退了回来。伊雷内在《华尔街日报》上向整个美国宣传：特拉华州是个打猎的好地方，这里还有杜邦公司的狩猎俱乐部，来这儿打猎的人，都会得到免费的火药。

在一阵喧嚣之后，订单像雪片般飞来了。1805 年，美国政府将杜邦公司定为军方火药的定点生产企业。伊雷内就这样掘到了第一桶金。

诗人朗费罗说："日常生活看似枯燥乏味却非常重要，就像时钟的发条一样，可以让钟摆匀速地摆动，让指针指示正确的时间。当发条失去动力时，钟摆就会停止，指针也不再前进，时钟静静地躺在那里，不再有任何价值。"

很多人心存这样的想法：人人都在命运之神的掌握之中，所以，只要等待好运降临就行了。这是一个可怕的念头，对人的天赋、智慧、品格祸害最大的莫过于此。

为了获得好运，必须要鼓起勇气、拿出力量、采取行动，常常对自己说："我要完成它!"以这种态度做事，没有不成功的道理。

通过适当的“报酬”为自己做事提供动力

在生活中，我们每个人都不得不去做一些自己不喜欢但是又必须做的事情。做这些事情的时候，我们往往因为情绪上的障碍而动力不足，磨磨蹭蹭，效率不高。这种情况下应该怎么办呢？怎样才能提高做这类事情的动力呢？心理学家告诉我们，如果我们在做这类事情的时候，许诺自己做完了就给自己一个奖赏，就将提升我们做这件事的动力和效率。这一思想已被心理学家的实验所证实。

美国心理学家大卫·普雷马克曾提出一个心理规律：人们可以利用频率较高的活动，去强化频率较低的活动，从而促进低频率活动的发生。通俗地说，就是可以用比较喜欢的活动，强化不太喜欢的活动。或者说，当有喜欢的事作为报酬时，人们会有更大的动力去做不喜欢的事情。

这个原理来自于1959年普雷马克所做的一个实验。普雷马克让孩子们从两种活动中选择一种：一是玩弹球游戏机，一是吃糖果。有的孩子选择的了前者，有的孩子选择了后者。有趣的是，对于更喜欢吃糖果的孩子，对他们说，只有玩一定时间的弹球游戏机，才可以吃糖果。那么，孩子们往往会真的玩那么长时间弹球游戏机。而对于喜欢玩弹球游戏机的孩子，对他们说，只有吃掉多少颗糖果，才可以玩弹球游戏机，那么，孩子们就会真的吃掉那么多糖果。

这一原理提醒我们，在做不喜欢的事情时，给自己许诺一个奖赏或者“报酬”，会大大促进我们做这些事情的动力和效率。

对于不喜欢的工作，为了强迫自己去做，一般有两种方法：或者使用“甜头”，或者使用“苦头”。“苦头”，也就是鞭策，虽然也可以逼出人的干劲，不过既然有乐趣无穷的方法，又何必自讨苦吃呢？喜欢享乐是人的本能，所以，“甜头”是一个让人更舒服的激励方法。

注重对人的及时奖赏，而使人拥有巨大的动力，去完成手头的任务是一种聪明的做法。这种奖赏不一定是由别人给予我们的，也可以是我们自己给予我们的，它同样具有促进我们做事的效力。

有学者指出，为了追求最佳效果，在奖赏自己时也要注意一些方法和技巧。常有人虽设定了成功的“报酬”，却在达成目标前，就先享用“报酬”。这样的话，当然无法对我们所做的事情形成动力。这常是因为目标过大，不容易达成。为了防止这种缺憾，“报酬”和目标应该尽量细分。与其以日后种种好处作为“报酬”，不如以短期内能实现的“报酬”作为动力，在一点一点尝到甜头的过程中，去达成目标。

另外，如果不能具体指出将来成功的“报酬”是什么样子，这种方法也会大打折扣。比如，以读大学为目标，那么就要了解进大学究竟有什么好玩的。如果不能给自己一个具体的答案，就无法成为强大的动力。所以，给自己准备的“报酬”要具体而直接，即使在别人眼里微不足道也没关系。这样，才能促进我们做这些事情的动力和效率。

抓住现在，让自己立即行动起来

时间包括三个部分，“过去”是已经逝去的时间；“未来”是尚未到来的时间；“现在”是现实的时间，存在的时间。应该说，“现在”这个部分的时间最宝贵、最重要。因为“无限的‘过去’都以‘现在’为归宿，无限的‘未来’都以‘现在’为渊源”。“过去”是“现在”发展的基础，“现在”又是向“将来”发展的起点，现在把握不住，将来更无从谈起。谁放弃了现在，便为葬送将来开了先例。“现在”的重要性还在于因为它最容易丧失，所以备觉它可贵。俄国文学家赫尔岑认为，时间中没有过去和将来，只有现实的现在。一个现在过去了，另一个现在立即来到。时间也可以说是许多个现在的整体集合。只有抓住了一个一个的现在，才可以积成一天、一月、一年……所以，从这个意义上说，“现在”是成就万事的里程碑。一个人只有抓住现在，才能创造灿烂的未来。

除非你开始行动，否则到不了任何地方。身体力行胜过高谈阔论。若想欣赏远山的美景，那么至少得爬上山顶。生命中的每个行动，都是日后扣人心弦的回忆。如果不想悔恨，就赶快行动。有机会不去行动，就像有汽车不去加油，永远动不了。有意义的人生，不在于有什么，而是做什么。经验是知识加上行动的成果：能者默默耕耘，无能者光说不练。

积极分子和消极分子之间的差异在无数的小方面都体现得淋漓尽致。积极分子计划去度假，他去了；消极分子计划去度假，但他把假期推迟到明年。积极分子决定发一封信给一位朋友，祝贺他取得的成就，他写了这封信；在同样的情况下，消极分子找一个借口推迟写这封信，结果这封信永远也写不出来。

这种差异在较大的问题上也有所体现。积极分子想亲自创办企业，他这样做了；消极分子也想经商，但他恰恰在关键时刻找到了一条最好不要经商的理由。一个40多岁的积极分子要调换工作，他成功了；消极分子也有类似想法，但他就这一问题考虑来考虑去，还是不换为好。

积极分子和消极分子之间的差别还表现在他们的各种行为方面。积极分子做了想做的事情，结果增加了自信心和安全感，得到了更多的收入，更加独立自主；消极分子没有做想做的事，结果丧失自信心和独立自主的能力，只能过着平庸的生活。

积极分子是做；消极分子是将要做但没做。每个人都想成为积极分子，所以，我们要养成实干的习惯。

立即开始行动吧！你还在等什么？

别人的鼓励和支持会使你充满信心，自我激励会带给你无穷的力量。

自我激励的秘诀就是“行动”。自我发动法实际上就是一句自我激励警句：“立即行动！”无论何时，当“立即行动”这一警句从你的潜意识心理闪现到意识心理时，你就该立即行动。

平时就要养成一种习惯：用自我激励警句“立即行动”，对某些小事情做出有效的反应。这样，一旦发生了紧急事件，或者当机会自行到来时，你同样能做出强有力的反应，立即行动起来。

假如你有一个电话应该去打，但由于拖延的习惯，你没有打这个电话。当自我激励警句“立即行动”进入你的有意识心理时，你就会立即去打这个电话。

又假定你把闹钟定在清晨6点，然而，当闹钟闹响时，你睡意仍浓，于是起身关掉闹钟，又回到床上去睡。久之，你会养成早晨不按时起床的习惯。但如果你听从“立即行动”这一命令的话，你就会立刻起床，不再睡懒觉。

一个勤奋的艺术家，他力图不让任何一个想法溜掉。当他产生了新的灵感时，便立即把它记下来。即使是在深夜，他也会这样做。他的这个习惯十分自然，毫不费力。对他来说，这就像是你想到一个令人愉快的念头时，你就不觉地笑起来一样。

许多人都有拖延的习惯。由于这种习惯，他们可能出门误车，上班迟到，或者更重要的——失去可能更好地改变他们整个生活进程的良机。历史已经记录了有些战役的失败仅仅是由于某些人延误了采取有力行动的良机。

为了追求卓越，一定要记住这句将使你受益无穷的警句：“立即行动!”

努力改变懒惰和拖延的不良习惯

一位西方哲人说："行动是治愈恐惧的良药，而犹豫、拖延将不断滋养恐惧。"这话是非常有道理的。相信很多人都有这样的经历：本来对一件工作并不抱有消极的抵触情绪，但如果客观条件阻碍了我们的行动，我们就会因拖延而中止我们的计划；而当事情再次使我们不得不面对它时，我们常常力不从心，消极的情绪会越来越浓，迫使我们放弃原本是唾手可得的成功。

因此，为了从事自己产生更加积极有效的行动，更充分地利用时间，消除懒惰，必须从克服拖延开始。

当某种高尚的理想、有效的思想、宏伟的幻想在某一瞬间从一个人的头脑中跃出时，这些想法刚出现时本来是很完整的。但有着拖延陋习的人迟迟不去执行，不去使之实现，而是留待将来再去做。其实，这些人都是缺乏意志力的弱者；而那些有能力并且意志坚强的人，往往趁着热情最高的时候就去把理想付诸实施。

搁着今天的事不做，而想留待明天去做，就在这种拖延中所耗去的时间、精力，实际上是本可以将那件事做好的。当初一下子就可以很愉快容易做好的事，拖延了几天、几星期之后，做这件事就显得讨厌与困难了。所以，当天的工作任务当天完成，是做好本职工作的成功关键所在。

拖延的习惯往往会妨碍人们做事，因为拖延会消灭人的创造力。其实，过分的谨慎与缺乏自信，都是做事的大忌。心态积极的时候去做一件事，与在热情消失以后去做一件事，其中的难易苦乐要相差很大。趁着心态最好的时候，做一件事情往往是一种乐趣，也是比较容易的。因此，许多大公司都有规定，一切商业信函必须于当天回复，不能让这些信函搁到第二天。

拖延往往会生出一些意想不到的失败结局。在关键的时刻，凯撒接到报告，没有立刻展开来读，所以才造成了一到议会就丧失了生命的悲剧；拉尔上校正在玩纸牌，忽然有人递来一个报告说，华盛顿的军队已经打到德拉瓦尔了。他将来件塞入衣袋中，牌局完毕，他才展开那份报告。待到他立刻调集部下，出发应战，时间已经太迟了。结果是全军被俘，自己也战死沙场，仅仅是几分钟的延迟，使得他丧失了自由与生命！

一个人身体不好，应该就医。而拖延着不去就医，以致病情严重，或者就再也不能治愈，这样的人在我们身边也为数不少吧！同样，如果我们不能在今天完成我们分内的工作，明天可能就会导致我们忙中出错，给自己的职业生涯带来损失；甚至明天仍然不能完成任务，最终可能影响公司的计划。

命运常常是奇特的，好的机会往往稍纵即逝，有如昙花一现。如果当时不善加利用，错过之后就后悔莫及。

决断好了的事情拖延着不做，还往往会对我们的品格产生不良影响。其实，人人都能下决心做大事，但只有少数人能够一以贯之地去执行自己的决定；而也只有这少数人才是最后的成功者。

克服工作中的懒惰，正如克服任何一种坏毛病一样，尽管并不是一件很容易的事，但很多时候并没有我们想象中的那么困难。

在克服懒惰的过程中，最有效的武器无疑是持之以恒的耐心和追求事业成功的信念。只要决心与懒惰分手，在实际的工作中耐心坚持，那么，我们都将成为事业上的成功者！

如果你发现懒惰已经成为了一种影响自己事业成功的因素，不妨试试下面几个小窍门：

(1) 制订切实可行的计划

在深思熟虑后制订一个时间表，注明一天中需要做的每件事情是一种摆脱懒惰的好方法。计划可以写在纸上。一开始，它可能只像是一种写写画画的游戏。但一段时间后，你就会发现自己即使在很短的休息时间里，也可以做一些有用的事情。

(2) 要保持乐观的情绪

遇到挫折时，生气是无能的表现，也常常是导致懒惰的根源。我们要学会控制自己的情绪，以免影响正常的工作心态。正确的做法应该是，冷静地查找问题出在哪里，或是自我解脱，或是与别人商量，哪怕争论一番，对扫除障碍都有益处。这个过程带来的喜悦，能使你更加努力地工作。

(3) 换一种方式看事情

其实，在你不喜欢的任何琐碎繁复的工作中，你都会找到做它的动机。如果你感到长时间给客户打电话枯燥无味，那不妨把它当成一种结交朋友的方式，尽量改变你的语气，多增加一些问候语，关心客户的生活，找到激起感情共鸣的话题并相互交流沟通。如果不愿意去出差，那就想一想出差把业务完成后的好处：你会获得众人称赞的业绩，同事也会羡慕你出众的谈判能力，你还可能迅速得到提拔，并且得到加薪的好处……

(4) 做一些难度很小的事或是你最爱干的事

心态是一种惯性，可以借助它的延续性来克服懒惰的恶习。这时，最有效的方法，也许就是做一些难度很小的事或是你最爱干的事，也可以做些你想了很久的事。不要只看结果如何，只要这段时间过得充实就该愉快。

（5）学会借助别人的压力

如果受到一些意外事件的影响，某一个特定的时间里，可能所有的工作都令人生厌。这时，不妨告诉你认识的每一个同事：你能以最快的速度和最好的质量完成你的手头工作。这样，为了避免让别人认为你说谎，你就不得不说到做到。此外，人们知道你做这类事情的能力，可能会请教你一些相关的工作诀窍，从而让你得到在工作中的成就感，那么从此以后，你手头的工作将变得很有趣。

（6）学会肯定自己，勇敢地把不足变为勤奋的动力

不论从事什么性质的具体工作，我们都要全身心投入，争取最满意的结果。而无论结果如何，都要看到自己努力的一面。如果改变方法也不能很好地完成，这说明或是技术不熟，或是还需要完善其中某方面的思路。不断地学习最终会让我们体会到成功的喜悦。

要需要强调的是，要医治拖延的习惯，唯一的方法就是立刻动手去做。多拖延一分，就足以使事情难做一分。

“要做，立刻去做！”这是一位成功企业家最喜欢的成功格言之一。他认为，凡是愿意遵守这句格言的人，获得成功和幸福的机会就会增加很多。

尽快行动，迅速地去解决困难问题

很多成功人士都信奉这样的人生理念：谨慎毫无用处，除非再加上果断。下面的故事就生动地揭示了这一原理。

激烈的拳击赛开始，穿红色短裤的红方和穿白色短裤的白方，在拳击台上全力争夺拳王的宝座。

第一回合打下来，几乎是一面倒的局面。红方的选手只顾着招架，勉强应付着白方选手凌厉的攻势，几乎没有出手的机会，如此这般地支撑到钟响。红方选手退到角落，不待教练开口，便立即向教练解释自己的战略。他告诉教练不用急，他的防守十分严密，只要等待合适的时机，白方选手一有破绽露出来，便可立即用重拳击倒对方。

第二回合的情况与第一回合大同小异，但红方选手的防守似乎较第一回合来得困难，而对手的攻势亦随之更加猛烈，破绽似乎尚未出现。

第三回合、第四回合、第五回合过去，红方选手的劣势丝毫未变。钟响后，红方选手退回角落休息，不待他开口，教练终于忍不住了："得了，干脆你明白告诉我，你是想拿冠军，还是想角逐诺贝尔和平奖?"

如果人生的竞赛犹如拳王争霸，请问你是想拿冠军，还是期望角逐和平奖呢?

或许我们可以有许多的理由和借口，永远在等候下一次更佳的机会，好让自己得以奋力一击；但往往更常见到的结果是，终此一生抱怨怀才不遇，而让自己和家人过着平淡无奈的生活。

文艺作品代理人布兰特在一次约会中说："请等一下，我要打个电话。

有一件很讨厌的事要做，要早点儿把它解决掉。”多数人遇到讨厌的事，总是尽量拖延不做。布兰特却表示：“我学会了不畏艰难。我所遇到棘手的事，差不多每天都有，我就把它先解决。然后，这天的精神就会愉快得多，工作效率也好得多。”

我们一旦正视困难，就很可能发现它并非我们所想象的那样麻烦。

有个叫琼斯的新闻记者，极为羞怯怕生。有一天，他的上司叫他去访问大法官布兰代斯，琼斯大吃一惊，说道：“我怎能要求单独访问他？布兰代斯不认识我，他怎肯接见我？”

在场的一个记者立刻拿起电话打到布兰代斯的办公室，和大法官的秘书说话。他说：“我是明星报的琼斯（琼斯在旁大吃一惊）。我奉命访问法官，不知道他今天能否接见我几分钟？”他听对方答话，然后说，“谢谢你，1 点 15 分，我按时到。”他把电话放下，对琼斯说：“你的约会安排好了。”

事隔多年，琼斯说道：“从那时起，我学会了单刀直入的办法。做来不易，却很有用。只要每次克服了心中的畏怯，下次使用这种方法就比较容易一点儿。”

有记者问名专栏作家亚当斯：“你签订合同，要每星期写 5 篇专栏文章时，你怎能有把握每星期想出 5 项新意见？”

亚当斯回答：“如果容易到有把握的程度，这份工作就没有兴趣了。正因为我每天早晨要苦思冥想意见，才能使我认为我不是白拿薪金。”

记者追问下去：“如果想不出意见呢？”

亚当斯说：“我就坐下来强迫自己动笔。”这样处理难题，就是他迎头解决困难方法。

任何人每天都有难题需要处理。那些最宁静、最快乐，大体说来最成功的人，就是那些一旦遭遇困难问题就迅速应对的人。这种不畏艰难的方法，到头来是达到心神泰然的最好方法。

要知道如何去努力，如何去拼搏

20 世纪美国作家安娜·罗伯逊·布朗曾经写过一本《什么是生命的价值?》的书。目前这本书最少印刷了 70 多次。何以薄薄一本小书竟能如此畅销? 如果你有缘看到这本书，书的开头几句话就很扣人心弦："人只能活一次，谁都想活得充实，尽量体验享受。但是，怎样才能以毕生的精力换取最大的成果呢?"

实际上，作者是向我们提出了一个如何获得成功的问题。

大多数学者认为，每个人都具有成功者的资格。也就是说，在起跑点上是一样的。至于起跑后的差距，则是日积月累起来的。虽然每个人都有获得成功的机会，但是，结果如何，完全要看个人的本事和努力的方法了。

成功者不一定具有超常的智能，也大都没有特殊的机遇和优越的条件，只是他们知道如何去努力，如何去拼搏。

我们从小到大被灌输的是："一分耕耘，一分收获"、"勤能补拙"，许多电影和通俗小说都以这样的题材来描述成功。但是，越来越多的现代心理学家指出，对于一个现代人来说，真正的成功，苦干也许只占 20%的原因。那么，关键的因素是什么呢? 或者引用作家安娜的话说："怎样才能以毕生的精力换取最大的成果呢?"

答案并不复杂，从"成功资本"入手，在日常生活中有意识、有步骤地逐渐积累这些成功的资本，让它们变为获得理想人生的基石。

搞建筑首先应当打图样，筑路不能把材料随地乱铺，雕刻也不能随意拿起石头来乱刻一阵就能成功。同样，做任何事都要先有一番计划与准备不可，草率成就不了事业，历史上也从未有过这种例子。

社会上很少有在年轻时没有打好基础、到后来竟能成就一番事业的人。一般成功者在晚年能获得美满的果实，都是因为他们在年轻时就播下了好的种子。

你对任何事都不要抱着奢侈的希望，而应该先将学问与经验一点点地灌入自己的脑中作为将来成功的本钱。要知道，社会上所需要的是受过好的教育和受过良好训练的人。在过去，任何人只要品行不太坏、做事有头绪，就可以获得工作。在知识经济时代的今天已经不行了。

勿庸置疑，累积起来的学识与经验是成功的资本，你必须储存这些资本，应当集中精力、毫不懈怠、经年累月地去进行。这样累积起来的资本才是无价之宝。你必须趁年轻时把握机会、努力学习，这样才能奠定良好的基础。

在日常生活中，做事没有进步将是你前途最大的障碍。当你初离学校时，可能抱着很大的希望，想尽一切力量，完成一桩伟大的事业；或者打算努力自修，以求做事进步，准备开始去过愉快的生活；或建立一个理想的家庭。

但你刚一开始工作时，一切外界的诱惑就纷纷到来，它们使你不能安心自学、工作，甚至把你拖入堕落的深渊里。若你对工作不再感兴趣，那你就完了：一切人生的愉快、幸福、安乐全都将离开你。除非你幡然醒悟，痛下决心，重新踏上一条求进步的轨道；不然的话，虽然你的年纪渐增，才能却开始渐退，就只好过着失败的生活了。

不论你的情况怎样，不要忘记“求上进”，不随意消耗任何时间在没有意义的事情上。你的学识、经验、思想没有一样可以不求进步。只要追求进步，即使你的工作受阻时，也会有力量解决。只要具有真才实学，就不怕阻挠重重。即使你没有大笔财富，世人也会看重你，你身上所具有的财富是他人无法抢走的。

除了常识以外，你还需要具备各种优异的技能，才可以凭借自己的力量去创造机会。成千上万的人都专心致志地寻求机会，一个人若没有一种特长，即使你手中握着大学文凭，背靠着亲戚朋友，也没有用。若你真想求得机会，最好还是从自己身上找出路。什么事情只想依赖他人，总是靠不住的。

总之，你要尽量培养本领，将它积存起来。你不需要表面上的财富，可是你的内涵却非得十分富足不可，这只有依靠不懈的学习和辛苦的努力才能获得。

进行有效的心理控制，正确地引导自己

心理学家指出，在你的大脑中央，有一台很小的电脑，它帮助你达到目标。正像宇航员在茫茫的宇宙空间穿梭飞行达到自己的目标后返回地面一样，你可以在回到自我以前，在你的内心的广阔空间发现你自己的财富。

大脑不仅自动地帮助你解决问题，而且使你调节自己，适应生活，对自我行为指出方向。

美国心理学家马尔兹把这一过程叫心理控制，即是说，使你的心灵达到有效的目标。

在生活中我们不仅有成功，而且还有失败。如果你回忆起过去的成功，你就会唤起今天成功的信心；如果你回忆起过去的失败，你就会毁掉自己。

如果你失败了，你曲解了自己的形象，你讨厌你自己，不信任自己，那你就不能正确地引导自己。

怎么办？抬高自己，不能贬低自己。在你最佳的时刻认识自己，直到这一切成为你的基本人格。怎样才能做到这一点呢？如下建议可供参考：

（1）争取机遇

要学会果断地忘记过去的错误，一切重新开始。要相信今天是争取机遇的日子。

我们都是脆弱敏感的人。自我失败和他人的行为往往容易伤害我们。然而，我们生活的意义在于今天，我们的机遇在于今天，我们一定要千方百计地争取机遇。

每一天都是挑战。你应该发挥自己的最佳优势迎接这种挑战。你应当走向世界，制订目标，了解目标的局限，选择自己的最佳方案，然后付诸于行动。正是每一天这样的目标、这样的机遇养成了我们达到这些目标的习惯。

争取这样的机遇就要克服消极的情绪。消极的情绪与没有目标是一回事。

目标是欲望。你一旦感到这种欲望，就会产生一种动力。这种动力可以帮助你在生活中争取更多的机遇。

（2）行使成功的权力

也许，一进入这个庞大的世界，你会号啕大哭。但这样的哭喊在今天是无济于事的。你除了目标外，还应培养自己达到目标的决心。

怎样行使这样的权力呢？首先，你应该充实这种感情；其次，你还应建立起成功的信念。

要学会直接追求你的目标。如果你感到伸手摘别人树上的苹果是小偷的行为，那么成功则是你自己的树。你应该有这样的权力。

（3）了解你真正的潜力

你应该真正了解自己的内在潜力，了解自己的个性，了解你过去、了解你现在和将来可能要做的事。

这是力量，这是你内在意识的觉醒。

（4）鼓足勇气

你一定要有勇气，否则，你就不能实现自己的目标。如果失败了，就要有勇气增强自己的力量，坚定自己的信心。

从根本上说，生活是冒险；要舒畅地生活，就要有勇气克服感情上的种种无常，不懈地追求自己的目标。

勇气就是和那些能与你分享勇气的朋友谈自己的希望，谈自己的痛苦。它意味着走出自己的内心世界，把力量给予自己和别人。它要求悔过自新，重整旗鼓。即便在你面前荆棘丛生，你也要不懈地追求你的目标。

尽管有时你表现得很脆弱，但是你完全可以学会表现得更加坚强。你一旦下定决心，决不会轻易放弃。

勇气意味着一种期待感在催促你。你在探索追寻自我未知的一面，你的希望不是被动的，你的动力催促你前进。

（5）勇敢地跨越障碍

光有目标并追求目标还不够，前进的道路坎坷不平，要达到目标，你就应该闯出一条跨越障碍的路，然后去跨越障碍。下面的故事或许对我们有所启示。

他是一位出色的运动员，曾多次获得奖牌。他的朋友十分羡慕他的体育才华。一位朋友为他在一家保险公司找了一个推销员的工作。

他接受了，但干得不好。他像许多朋友一样，结了婚，有了孩子。但推销员的工作发挥不了他跨栏的特长。他苦闷。大学时代，他靠自己坚忍不拔的意志克服了种种弱点，成了一名出色的运动员；但他忘了用同样的方法克服销售保险上的障碍。

在一次聚会上，他见到了大学时代的同学。他们鼓励他再去跨栏。他借了一双运动鞋，试了一下。结果，他摔断了腿。

他的腿打了一个多月的石膏，这段时期他重新审视自己。他责问自己，既然老了，又缺乏练习，干吗还去跨栏呢？他回忆起过去，回忆起当跨栏高手时克服的困难，先要有方向，然后练习，再练习。但为什么跨不过生活的栏，跨不过销售保险的栏呢？为什么不能再次夺标呢？

拆了石膏后，他重操旧业，用过去当运动员时的干劲销售保险，实践再实践。他成功了。

在生活中遇到挫折和困难的时候，要能够正确地引导自己，学会勇敢地跨越障碍。

（6）自我完善

追寻目标，要付出巨大的努力，要有自我完善的强烈欲望。你要改变自己，增强自我形象，扩大新的视野；你应该让生活充满新的意义。

追寻目标、自我完善就要充分发挥你的想象力、创造力。也许，你感到焦虑，但不能让焦虑毁掉你。相反，你应该有效地利用焦虑，它会使你坚持不懈。

自我完善意味着明确的理性思维，充分发挥自己的创造才能，追求目标。

早晨，你醒来，要提醒自己努力的方向：自我完善。这是一个良好的开端。

（7）永往直前

生活是运动，无论你是否喜欢，你必须与之并驾齐驱。你不可能生活在昨天。也许，你的童年绚丽多彩，值得流连忘返，然而，你不可能重新回到童年。总之，不能再过一遍。

所以，你应该前进，走向世界。这一过程就是你成长的过程。除了勇敢地面对前进道路上的各种挑战，你没有别的选择。

前进中你也许发现自己在摸索，在探寻，在冒险。生活中的风风雨雨是常有的事，你的探求是明智的，一定富有创造意义。你不是在股票市场上玩，你是在对自己探求和胸有成竹地去行动。你充满着信心和欲望，充满着自我尊严。

每天你都在追求，每天你都在前进。股票有涨有落，然而你胸有成竹的热门股票，将使你永涨无落。

你要相信自己拥有信心的翅膀，它会帮助你飞向目标。

从大处着眼，从小处着手，循序渐进

有些人误以为自己能一步登天，一口吃个胖子，所以常梦想一举成名，一下成为一个成大事者。实际上，这是不可能的。成大事必须经过长久磨炼。如果你的能力不够，就无法实现自己的梦想。而真正的成大事者善于化整为零，从大处着眼，从小处着手。

有人说："我要成为一个伟大的人物。"这个目标太不具体了。目标必须具体，比如你想把英文学好，那么你就订一个目标，每天一定要背 10 个单词、一篇文章，要求自己在一年之内能看懂英文书报。由于你订的目标很具体，并能按部就班地去做，目标就容易达到。

有的人看上去好像是一举成功的。但如果你仔细研究他们的经历，你会发现他们以前就已经奠定了许多牢固的基础。那些像泡沫式成功的人，永远是靠不住的，他们没有任何牢固的基础，最终会轻易地失去一切。

约翰是一位拥有出色业绩的推销员，可是他一直都希望能跻身于销售最高业绩的行列中。但是一开始，这不过是他的一个愿望，从没真正去争取过。直到 3 年后的一天，他想起了一句话："如果让愿望更加明确，就会有实现的一天。"

于是，他当晚就开始设定自己希望的总业绩，然后再逐渐增加，这里提高 5%，那里提高 10%。结果，顾客却增加了 20%以上。这激发了约翰的热情。从此他不论碰到什么情况，任何交易，都会设定一个明确的数字作为目标，并在一两个月内完成。

"我觉得，目标越是明确，就越能感到自己对达成目标有股强烈的自信与决心。”约翰说。他的计划里包括：“我想得到的地位、我想得到的收入、我想具有的能力”，然后，他把所有的访问都准备得充分完善，相关的业界知识加上多方面的努力积累，终于在第一年的年终使自己的业绩创造了空前的记录，以后的年头效果更佳。

约翰自己得出一个结论：“以前，我不是不曾考虑过要扩展业绩、提升自己的工作成就。但是因为我从来只是想想而已，不曾付诸行动，当然所有的愿望都落空了。自从我明确设立了目标，以及为了切实实现目标而设定具体的数字和期限后，我才真正感觉到，强大的推动力正在鞭策我去达成它。”

美国著名作家赛瓦里德说：“当我放弃我的工作而打算写一本 25 万字的书时，我从不让自己过多地考虑整个写作计划涉及的繁重劳动和巨大牺牲。我想的只是下一段，不是下一页，更不是下一章如何去写。整整 6 个月，我除了一段一段地开始外，我没想过其他方法。结果，书自然写成了。”

“循序渐进”的原则对赛瓦里德起了重要作用，对你我也会一样。

获取任何成功都不是一蹴而就的事，都需要采取循序渐进的方法。许多人做事之所以会半途而废，并不是因为困难大，而是与成大事者距离较远。正是这种心理上的因素导致了失败。把长距离分解成若干个距离段，逐一跨越它，就会轻松许多；而目标具体化可以让你清楚当前该做什么，怎样能做得更好。

为了改写平凡的人生，一定要摒弃浮躁，养成循序渐进的习惯，每天进步一点点，就是成功的开始！每天创新一点点，就是卓越的开始！

控制自己，坚持去做正确有益的事情

人都是有一点儿精神的。精神的好坏便有了勤奋和懒惰。谁能约束好自己，坚持一种向上的精神，就是战胜了自己，就容易把握自己的人生。

人和动物在行为上的根本区别，在于人的行为的自觉性。有人把人的生物本能比作一匹野马，人的理智就像缰绳。没有缰绳的马，是一匹未经驯服的野马；而有缰绳控制的马，才是一匹有用的马。只有用自己的意志努力去服从自己的理智，自觉地支配自己去实现自己的目的，我们才能通过对自身的支配去影响周围的环境，进而影响世界。

历史上有不少不可一世的人能控制一支军队、一个国家，但却不能控制自己，最终身败名裂。很多知名的思想家都曾提到，用理智控制自己，是做人的一种基本准则。古希腊的柏拉图提出：“节制是一种秩序，一种对于快乐和欲望的控制。”亚里斯多德说：“人与动物的区别，正在于置行为于理智，不仅应把对敌人取得胜利的人看作是勇敢的人，而且也应把那对自己的欲望取得胜利的人看作是勇敢的人。”经过他们的提倡，“节制”被定为古希腊的四德（智、勇、义、节）之一。后世的思想家在发挥和修正这些学说时，也都一致强调理智对个人的约束作用。

控制自己不是一件非常容易的事情，因为我们每个人心中永远存在着理智与感情的斗争。自我控制、自我约束也就是要一个人：按理智判断行事，克服追求一时感情满足的本能愿望。一个真正具有自我约束的人，即使在情绪非常激动时，也是能够做到这一点的。

自我约束表现为一种自我控制的感情。自由并非来自“做自己高兴做的事”，或者采取一种不顾一切的态度。自己要战胜自己的感情，证明自己有控制自己命运的能力。如果任凭感情支配自己的行动，那便使自己成为了感情的奴隶。

我们有一种称为“自我约束”的动力，而这种动力是要付出一定的代价的。

有一次，波兰钢琴家巴德瑞斯基举行的音乐会散场之后，一个乐迷对他说：“我愿意终生献身，以求达到这样的成就。”这位卓越的钢琴家回答：“我就是这样做的。”

我们常常只看见伟大的成就，而忽略了成就背后的辛劳和毅力。因此我们会说，有成就的人有头脑、有体力，或者运气好，而既然我们这三方面都不行，那就算了吧！这不是说，只要注重自我约束，我们就人人都可以成为钢琴演奏家。而是说，我们每个人在某一方面都有成功的条件。但是，要获得成功，就必须运用意志力和努力工作。

我们每个人都在通过努力做使自己生活更有意义的事，并且在向着未来的目标奋进。但是，生活在现实的世界中，我们绝不应该采取仅使今天感到愉快的态度，而丝毫不顾及明天可能发生的后果。我们的感情大都容易倾向于获得暂时的满足，而那些提供大量暂时的满足的事，通常就是对我们长期的健康、快乐和成功最有害的事情。因此，在追求一种有意义的生活时，我们应当努力预测自己所从事的事情对将来可能产生的后果，我们要善于做好自我约束。

不论我们现在如何享受目前的生活，深谋远虑总会有益于我们考虑未来。面向未来思考，这是一个培养正确理解现实的能力的问题。那些总是失败的人，一再使用“我没有另外的选择，我不得不这样”的借口。而实际上，是他们不愿做出下面的抉择：付出短期不自在的代价，换取享受长期的更大的报偿。一个没有养成自我约束习惯的人，可能反复地屈从于一种诱惑而从事一种不该做的事，这种错误的后果，甚至严重到能长期影响一个人的成败。

用了同样的努力，有人成功了，有人则失败了。他们可能都知道成功的途径，但他们之间有一个主要的不同在于：成功者总是约束自己，去做正确的事情；而不成功的人总是容忍让自己松懈的想法占上风。

每一个想获得理想生活的人，都必须具有自我约束能力，养成自我约束的习惯，不让别人用次要的计划或无关的事情拉我们离开轨道。我们必须有自我约束能力，保持头脑不受种种杂念的干扰，不让那些无关紧要的杂事影响自己奔向理想的目标。

养成自我约束的习惯，在生活中时刻注重自律，坚持去做正确、有益的事情，你就会离成功越来越近！

抛弃逃避新体验的想法，在生活中积极探索

成功与冒险是相伴随的，所有的成功，都是敢想、敢做、敢于冒险的结果。哥白尼的天体运行论，卢瑟福的原子结构模型，新大陆的发现和开垦，人类的一系列发现、创造和社会变革，皆始于冒险。

一个人整天生活在别人的荫蔽之下，就必然限制自己的长远发展。龙虾把自己的硬壳蜕掉，目的是让自己生长出更坚固的外壳；不愿冒险，就只能把时间花在寻找可以避居的地方，就只能做一只永世不能抬头的寄居蟹。而这样，是无论如何也难令自己成长得更加强壮的。

在生活中，你也许是一个“安全专家”。安全专家也就是一个为了总是使自己清楚去哪儿，为了使自己清楚地知道到达那儿后他能希冀什么，从而可以避免未知“领域”的人。我们社会的早期教育，往往以牺牲人们的好奇心为代价，告诫人们要谨慎，并往往以牺牲人们的冒险精神为代价，去告诫人们要注意安全：逃避有疑问的事物，待在你熟知的领域，绝不要流浪到你未知的领域中去。这些早期的教育内容成为了人们的一种心理障碍。这种心理障碍能够运用不计其数的方式方法使你不能实现自我，使你现在不能幸福地生活。

把自己的整个一生都献给了对未知事物的探索的阿尔伯特·爱因斯坦在他的一篇1930年发表在《论坛》上的题为《我相信什么》的文章中说：“我们能体验的最美好的事物，便是神秘的事物。神秘的事物是所有艺术、所有科学的真正泉源。”

但是，许多人都把未知的事物等同于充满危险的事物。他们认为，生活的目标也就是应付确定的事实，也就是使自己总是清楚自己将走向何方；只有傻瓜才会冒险去探索生命中的未知领域。一旦他们开始去探索生命中的未知领域，他们最终都会以惊奇、伤痕累累，甚至是毫无准备而告终。

在你还是个对世界充满好奇的孩子时，你就被教导要“有所准备”。但是，你怎么能为未知的事物做准备呢？很明显，你不可能为未知的事物做好准备。因此，你认为最好避开未知的事物，这样，你最终就绝不会以自取其辱而告终。我们被教导要注意安全，不要冒险，沿着公路交通图指示的方向走——即使公路交通图已经陈旧过时，也要沿着它指示的方向走。

也许你开始对所有确定的事实感到厌烦起来了。因为你在经历它之前，你就知道你生命中的每一天是个什么样子。在问题被提出之前，如果你就业已知道答案，那么，你就不可能得到发展。你最记忆犹新的时刻，也许便是你一边做你想做的事，一边乐滋滋地预料未知的事物这样一种生活自由自在的时刻。

为了获得理想的人生，一定要坚决抛弃你不能尝试新思想和尝试有争议的思想的观点。如果你愿意，你能尝试有疑问的新思想。一旦你知道了你逃避新体验这一习惯性反应的时候，你的新尝试也就会同时开始。

如果你充分相信自己，那么，你就能开展任何活动。一旦你决心涉足你没有保证、把握不定的领域，那么，人类的一切经历，就没有你不能去经历的。想想那些被认为是天才的人物吧，想想那些一生硕果累累的人们吧。他们并不是仅仅只做好一件事的人，他们也不是不敢涉足未知领域的人。这便是伟人留给人们的启迪。伟人之所以伟大，就在于他们勇于探索的品质，在于他们勇于探索未知事物的品质，人们通常也能看到他们在这一点上的伟大。

你可以用新的眼光审视你自己，你也可以勇敢地去尝试你曾认为绝不是你应该去尝试的那些体验。或者说，你也可以日复一日、年复一年地以相同的方式去做那些相同的事情，直至你终老病死时为止。

你也许认为，做每件事都要有做它的理由，要不然做它有什么意义呢？

这种想法是错误的。你可以做你想做的事，有你想做这一原因就够了，除此之外，再也无须其他理由。你并不需要为你想做的任何事情找理由。为每件事情找理由的思想，使得你不敢尝试新的、令人兴奋的经历。在你还是个孩子时，你可能会和一只蚱蜢玩上 1 小时，只要仍然喜欢它，你无需任何其他理由便可以和它玩。或者说，你也可以爬山或在森林里做考察旅行。为什么？因为你想爬山，因为你想在森林里做考察旅行。但是，作为一个成人，你却必须为你的活动找一个合适的理由。这种为每件事找理由的思想，使得你不能放开你自己的手脚，使得你不能得到很好的发展。你完全不必为任何人，包括你自己所做的事情找理由。

因为你想做这一原因而不需要其他任何原因去做你想做的任何事情，这种思想能使你进入新体验的广阔天地，也有助于你消灭自己对不确定事物的恐惧。敢于探索，敢于尝试，才可能使你自己的人生尽可能变得多姿多彩。

采取积极的对策消除精神疲劳

在积极行动、努力奔向自己的目标的过程当中，我们必须要克服的一大阻力就是疲劳。如果不采取积极的对策，疲劳就可能使我们失去完成正常的活动或日常工作的能力。

我们经历的疲劳主要有两种：开始时的疲劳和工作中的疲劳。

开始时的疲劳，是由于人们感到自己从事的工作太乏味或太困难，因而一拖再拖，最后造成心理上的厌烦和疲乏。显然这种疲劳不是指体力上的疲劳。补救的方法一般人虽不易做到，却也是明摆着的：那就是用意志力去克服。一位作家一发现自己不想干某项令人头痛的工作，或把它置于一大堆其他事情之后时，他便把写字台清理得一干二净，想尽办法先去攻克它。为了防止开始时的疲劳，可以先处理最棘手的工作。

几年前，阿德勒在编辑《西方巨著荟萃》时，要对其中的 100 多篇文章逐一进行评论。他一个星期工作 7 天，花了两年半的时间才写完。如果他容许自己先写观点最易阐述的文章，也许就永远也写不完了。按照自立的规则，阿德勒决意严格地照字母的顺序写，从不让自己跳过一个棘手的观点，而且在一天的工作中总是先着手最难写的文章。经验再次证明，这一规则是行之有效的。工作中的疲乏更难对付。它同样不是指体力上的疲劳，而是指人们在工作屡遭失败时，而随之加重的思想负担。在这种情况下，要尽自己的最大努力工作——直到能无意识地干下去。

阿德勒在拟编第 15 版《大英百科全书》时，要做一个按字母顺序排列文章的专题目录。此事以前从未做过，日复一日，他列出了一个又一个的方案，但始终不满意。为此，他疲劳得几乎不能支持。一天，他觉得智穷力竭，就把不能解决这个问题的原因全都写在纸上，设法使自己相信：不能解决的问题实际上也是无法解决的；症结在于问题本身，而不在于自己。借此自慰，阿德勒便坐在安乐椅上睡着了。大约一个小时以后，他从梦中醒来，思想突然豁然开朗，有了解决问题的办法。在随后的几个星期里，他无意识中想到的办法终于一步一步被证实是正确的。虽然他同以前一样努力工作，但没有一点儿厌倦和困乏之感。这恰似失败使人沮丧那样，成功令人无比振奋。阿德勒体验到了当今心理学家们称之为“才华横溢”的乐趣，人生中几乎没有比成功地发挥自己的才干更为振奋人心的乐事了。它能使人焕发精神，多做工作。

有时候，麻烦不在于问题本身，而在于社会环境——一般人是这样看的。好像他自己不能成功是因为受到别人的阻碍。这是不正确的！为什么我们错怪别人而推诿自己应负的责任呢？要成功地完成一种工作，就要做一切该做的事情——其中自然包括获得别人的合作。

因此，我们首先要把原因不明的、非体力方面的疲劳作为雷达——一种预先警报的系统，探究产生疲劳的根源，找出我们正在掩饰而不敢承认的失败，我们须诊断失败的原因。在极为罕见的情况下，可能是我们所从事的工作实在太难了，我们对此茫然而不知所措。倘若如此，我们可以承认事实，躬身自退。在大多数情况下，只要我们耐心对待眼前的工作，下最大的决心，施展所有的本领，加上随之而来的无意识的帮助，那么，问题便可得到解决。

把精神疲劳当作体力疲劳，这是我们可能犯的最糟糕的错误。我们身体疲劳时，只要让肌体有机会休息一下，即能恢复；而由失败引起的精神疲劳却不是靠向它屈服和休息一下所能消除的。那样，只会把问题弄得更糟。不管什么样特殊的绊脚石，都得在失败引起的疲倦向我们袭来之前尽快清除。

第四章

持之以恒，追求卓越，面向未来

一个人能否实现远大的理想，能力并不是主要的，最重要的是决心和毅力。实现梦想的秘诀就是多一点点的坚持，多一点点的努力。人的潜力是无穷的，只要你有志气，有抱负，有才气，又能屡挫屡奋，持之以恒，几乎什么困难都阻挡不住你，什么样的荣耀都可能属于你。俗话说：“功到自然成。”肯于不懈努力的人，终究能够冲破重重障碍，到达理想的彼岸。

成大事的关键不在于力量而在于能否坚持

有学生问大哲学家苏格拉底怎样才能修学到他那般博大精深的学问？苏格拉底听了没有直接作答，只是说："今天我们只学一件最简单也是最容易的事，每个人把胳膊尽量往前甩，然后再尽量往后甩。"苏格拉底示范了一遍，说："从今天起，每天做 300 下，大家能做到吗？"学生们都笑了，这么简单的事有什么做不到的？过了一个月，苏格拉底问学生们："哪些同学坚持了？"有 90%的同学骄傲地举起了手。

一年过后，苏格拉底再一次问大家："请告诉我，最简单的甩手动作，还有哪几位同学坚持了？"这时，整个教室里只有一人举了手，这个学生就是后来成为古希腊另一位大哲学家的柏拉图。

人人都渴望成功，人人都想得到成功的秘诀，然而成功并非唾手可得。我们常常忘记，即使是最简单最容易的事，如果不能坚持下去，也往往做不成。除非你坚持不懈，否则，就很难品尝到成功的果实。正如约翰逊所说的："成大事不在于力量的大小，而在于能坚持多久。"

俗话说：天道酬勤。命运掌握在那些勤勤恳恳地工作的人手中，正如优秀的航海家驾驭大风大浪一样。

对人类历史的研究表明，在成就一番伟业的过程中，一些最普通的品格，如公共意识、注意力、专心致志、持之以恒等等，往往起很大的作用。即使是盖世天才，也不能小视这些品质的巨大作用，一般的就更不用说了。事实上，正是那些真正伟大的人物相信常人的智慧与毅力的作用，而不相信什么天才，甚至有人指出："天才就是耐心。"

那些天生具有伟大精力和伟大才能的人，并非一定就能取得最伟大的成就。只有那些以最大的勤奋和最认真的训练有素的技能——包括来自劳动、实际运用和经验等方面的技能，去充分发挥自己才能和力量的人，才会取得伟大成就。与瓦特同时代的许多人所掌握的知识远远多于瓦特，但没有一个人像瓦特一样刻苦工作，把自己所知道的知识服务于对社会有用的实用操作方面。在各种事情中，最重要的是瓦特那种对事物坚忍不拔的探求精神。他认真培养那种积极留心观察、做生活的有心人的习惯，这种习惯是所有高水平工作的头脑所赖以依靠的。

天赋过人的人如果没有毅力和恒心作为基础，他只会成为转瞬即逝的火花；许多意志坚强、持之以恒而智力平平乃至稍稍迟钝的人，都会超过那些只有天赋而没有毅力的人。正如意大利民谚所云："走得慢且坚持到底的人，才是真正走得快的人。"

那些最能持之以恒、忘我投入的人往往是最成功的。在遇到困难和障碍的时候，要多动动脑筋，多试几次，就可能发现转机，扭转逆境。

坚定的信念和顽强的精神能够创造奇迹

当查尔斯还是个小孩子的时候，他跟随父亲准备去旅行。正巧路过肯德郡的格德山庄，那里高大、宽阔，墙上爬满枝枝叶叶，绿意盎然，几乎像仙境一般。小查尔斯仰起头，用艳羡的眼光仔细打量着这个诱人幻想的府邸，在小孩子的心里，这无异于一个理想的宝殿。

父亲仿佛看透了他的心思，张开宽厚的手掌抚摸着他的头，然后和蔼地告诉他：“只要你努力，而且坚持不懈，总有一天，你会走进这个房子，拥有它。”

父亲的话在不经意间刻在小查尔斯的心里。他后来遇到了很多困难，在工厂里做童工，父亲负债入狱，一家人颠沛流离。不管什么时候，他依然惦记着父亲的话和那所绿色的格德山庄。

格德山庄是他的一个梦。

后来的后来，他写了书，成了名，终于成了享誉世界鼎鼎大名的作家查尔斯·狄更斯。在 36 岁那年，他买下了格德山庄，然后在那里终老一生，一直住到他辞世的一刻。一个梦从童年做到老。

每个人心里都应该有一座房子，借以容纳梦想，幻想未来。不管你想要什么样的房子，只要设计好蓝图，认定目标，执着地去努力，坚持不懈，总有拥有它的一天。

塞内加说：“只要持续地努力，不懈地奋斗，就没有征服不了的东西。”

多年前，曾有一家报纸刊登了一则园艺所重金征求纯白金盏花的启事，在当地一时引起轰动。高额的奖金让许多人趋之若鹜，但在千姿百态的自然界中，金盏花除了金色的就是棕色的，能培植出白色的，不是一件易事。所以，许多人一阵热血沸腾之后，就把那则启事抛到九霄云外去了。

一晃就是20年，一天，那家园艺所意外地收到了一封热情的应征信和1粒纯白金盏花的种子。当天，这件事就不胫而走，引起轩然大波。

寄种子的原来是一位年已古稀的老人。老人是一个地地道道的爱花人。当她20年前偶然看到那则启事后，便怦然心动。她不顾几个儿女的一致反对，义无返顾地干了下去。她撒下了一些最普通的种子，精心侍弄。一年之后，金盏花开了，她从那些金色的、棕色的花中挑选了一朵颜色最淡的，任其自然枯萎，以取得最好的种子。次年，她又把它种下去。然后，再从这些花中挑选出颜色更淡的花的种子栽种……日复一日，年复一年。终于，在我们今天都知道的那个20年后的一天，她在那片花园中看到一朵金盏花，它不是近乎白色，也并非类似白色，而是如银如雪的白。

一个连专家都解决不了的问题，在一个不懂遗传学的老人手中迎刃而解，这是奇迹吗？

当年曾经那么普通的一粒种子，也许谁的手都曾捧过。捧过那样一粒再普通不过的种子，只是少了一份对希望之花的坚持与捍卫，少了一份培植与浇灌的尝试，才使你的生命错过了一次最美丽的花期。种在心里，即使一粒最普通的种子，也能长出奇迹！

坚定的信念和顽强的精神能够造就生命的奇迹。只要我们坚守自己的信念，只要我们心中有一粒希望的种子，只要我们不放弃努力，就有成功的希望。

说起来，一个人做一点儿事并不难，难的是能够持之以恒地做下去，直到最后成功。

许多人干什么事，起初都能够付诸行动，但是，随着时间的推移，难度的增加以及气力的耗费，大多数人便从思想上开始产生松动和畏难情绪，接着便停滞不前以至退避三舍，最后放弃了努力。

人之所以在干什么事时常常会浅尝辄止、半途而废，主要原因是人天生就有一种难以摆脱的惰性。当他在前进的道路上遇到障碍和挫折时，便会灰心丧气和畏缩不前。

这也就像走路一样，人总是愿意走下坡路而厌恶走上坡路。走下坡路省力，于是，人总是不由自主地选择下坡路。这就是人之所以常常见了困难绕着走的深层原因。

朝最省力的方向想，或者喜欢走下坡路，对于走路并不要紧，然而对于干一件重大的事业来说，却成为一种致命的缺陷，因为这样一来，远大的目标就不能达到了。

许多人之所以没有收获，主要原因就是在最需要下大力气、花大工夫、毫不懈怠地坚持下去时，他却停止了努力，省力倒是省力，成功却从此与他无缘了。

平庸的人和杰出的人，其不同之处就是看能不能坚持。坚持下去就是胜利，半途而废则前功尽弃。

这样的例子屡见不鲜。比如，在马拉松赛跑中，最初参加竞赛的人可以说成百上千。但是跑出一段路程之后，参赛的人便渐渐少起来。原因是坚持不下去的人，逐渐自我淘汰了，而且每到后面人越少，全程都跑完能够冲刺的人更少。奖牌实际上就是在这些坚持到最后的人当中产生。

马拉松式赛跑，与其说是赛速度，不如说是拼耐力，也就是看谁坚持到最后。

做任何事情都和赛跑一样，成功与失败往往只是一步或半步之差，因而起决定作用的只是最后那一瞬间。谁在最后爆发出巨大的潜力，谁就是胜利者，最后的努力是决定命运的努力。

生活中有许多人做事最初都能保持旺盛的斗志，在这个阶段，普通人与杰出的人是没有多少差别的。然而往往到最后那一刻，顽强者与懈怠者便各自显示出来了：前者咬牙坚持到胜利，后者则丧失信心放弃了努力，于是便得到了不同的结局。

要说成功有什么秘诀的话，那就是：坚持，坚持，再坚持！

许多失败者的悲剧，就在于被前进道路上的迷雾遮住了眼睛，他们不懂得忍耐一下，不懂得再跨前一步就会豁然开朗。结果在胜利到来之前的那一刻，自己打败了自己，因而也就失去了应有的荣誉。

自然，最后的那一段路如同登珠穆朗玛峰，总是异常难走。然而，正是由于充满了艰险，才使它后面的风光非同寻常，才使一个人的生命达到辉煌的境界。

每一个想干一番事业的人，都不要放弃最后的努力，不要在成功到来之前丧失拼搏的勇气。相信胜利就在这片刻的忍耐之后，冲过这最后一道关口，就会到达理想的境地。

也许，即使在我们做出很大的努力之后，我们所渴望的成功仍然没有出现。但是，只要你真正努力了，拼搏了，你就不会一无所获。要知道，每一滴汗水都在表明你向着目标靠近了一步！

始终保持成功的愿望才能成为一个胜利者

每个人在一生中都有成功的机会，但是大多数人不会成功。因为他们不愿付出代价。他们有能力，但缺乏成功的至关重要的因素——成功的愿望。成功的愿望仅仅是观念的一部分。如果你具备了这一品质，你就会无所不能，任何事你都能干，最终会成为一个胜利者。

在阿特·威廉当足球教练的时候，接管了一支弱队。队员们全是些体重不足、经验缺乏的青少年。这支队久经失败，队员们不愿意穿上运动服出去训练。威廉清楚，在一个季度内，让他们达到体格完善并变成职业足球运动员是不可能的，任何教练也做不到。他唯一能做的就是让他们意识到自己是胜利者。

起初，他们肯定以为威廉疯了。但是渐渐地他们开始相信他的话，并开始把他们自己当作竞争者。第一场比赛赢了，他们竭尽了全力，什么也阻挡不了他们。他们已经形成了胜利的观念。一夜间，他们并没有变，同其他的足球队仍不是一个等级。但他们认为自己是胜利者，这一观念改变了一切。

作家和学者们年复一年的对事业成功之人进行研究，得出了这样的结论：胜利的观念是取得成就的关键。成功由三部分组成，一部分是才能，一部分是“机遇”，一部分是“成功的愿望”。成功者的普遍标准是正确估价自己作为胜利者的能力，即使最低水平。这一点为什么如此重要呢？因为每个人都不愿意辜负自己的希望。胜利者一般都有一种想要成功的“火一般炽烈的欲望”。这种品质提供了达到目标所需要的动力。

为了成功，你必须追求胜利。行动上的“胜利愿望”意味着即使在逆境面前都表现出的坚忍不拔的态度和成功的决心。有人给胜利者这样下定义：“大多数人能坚持两三个月，许多人能坚持两三年。但是胜利者总是坚持到底，直至胜利。”

每个人都有能力在现有的水平上，使生活有所转机，做一个出类拔萃的人。这样做的决定就是起点。你能做的态度——胜利的观念——将促使你达到目的。

要形成成功的观念，一定要重新学习如何梦想。一定要再一次变得振奋、自信和热情，在屡受挫折之后，把这一切转化为成功的观念。

最后一步的坚持往往是促成成功的关键

哈佛大学的科学家做过一个有趣的实验：将跳蚤放在桌子上，一拍桌子，跳蚤迅即跳起，且跳起的高度均在它本身身高的 100 倍以上，堪称世界上跳得最高的动物。之后，科学家在跳蚤头上罩一具玻璃罩，再让它跳，跳蚤碰壁后跌落下来。连续多次后，跳蚤改变了起跳的高度以适应环境，每次跳跃高度总保持在罩顶以下。科学家又用了一个接近桌面高度的玻璃罩，这时跳蚤已无法再跳起来。

最后，科学家去掉玻璃罩，希望看到跳蚤再度弹跳自如。可是超出想象，被放生的跳蚤只能在桌面爬行，彻底成了“爬蚤”。

从这个实验中不难得出以下结论：由于受短暂的外部环境变化，人们的思想和意志力往往会受到波动，甚至是彻底的改变。而成功的关键，也许就在最后一步的坚持，这恰恰是常人难以做到的。就跳蚤而言，玻璃罩已存在它的意识里，罩在了思想深处。它本身所具有的潜能和独立能动性，完全被自己扼杀了！

美国电器工程师哈罗德，曾一度被夜间出巢的老鼠搅得失眠。为了除掉老鼠，他用过多种灭鼠药，可是每种药只能坚持一阶段便被聪明的老鼠识破了。为此，他苦恼不已。

一天晚上，哈罗德睡觉时忘记将电吉他的开关关掉。次日清晨，他起床去关电吉他时，竟意外发现地上躺着 4 只死老鼠。哈罗德不解地将死老鼠交给有关单位去解剖分析，并说明了自己晚上睡觉没有关掉电吉他。专家们经过研究、分析后，得出结论：这些老鼠是被电吉他的高频率振动声波杀死的。原来，电吉他的高频率振动声波能严重地损伤老鼠的神经系统，受到这种高频率声波刺激的老鼠，会在惊慌失措、焦躁不安中度过，而且还不能进食，直至最后死亡。

哈罗德受到这个现象启发，决心发明出一种灭鼠器。可是经过上千次反复实验，仍是没有结果。百思不解中，他决心做最后一次实验，并安慰自己说："也许世间本没有什么真正的'灭鼠器'，若实验再不成功，不应责备自己。"

可就是最后一次实验，哈罗德终于纠正了千百次实验中疏忽的一个技术环节。小型灭鼠器发明成功！被命名为"阿米戈"后，在美国获得了专利权。

这种小型灭鼠器，只有足球那么大，发出的一种电磁波的音乐声波，能很快杀死周围10米以内的老鼠和蚂蚁。而且，这种小型灭鼠器的音乐悠扬、动听，对人体及家禽、家畜均无伤害，颇受人们的喜爱。20世纪80年代，这种小型灭鼠器在美国一经销售便风靡一时。

无论在竞技的职场，还是在人生的舞台，困难与挫折不可避免，选好坐标点，走好人生路，看来除了需要洞察时世的智慧，还需要坚持、再坚持的勇气和力量，成功往往取决于最后一步。对此，哈佛大学的罗伊·格劳伯教授也深有体会。

格劳伯是世界上著名的"量子光学"之父，在他快要过70岁生日的那一年，他获得了诺贝尔物理学奖的提名，可惜最终这个奖项却没有落到他的头上。也就是在这一年，他开始怀疑自己的对量子光学的研究，开始问自己是否能够凭着这项研究成果如愿获得诺贝尔物理学奖。

这样的怀疑和审问对自己来说是致命的，因为格劳伯发现自己在研究的时候经常出现精力不集中的事情。更可怕的是，格劳伯经常会问助手一个同样的问题，那就是：是不是自己真的老了？

正当格劳伯为自己怀疑自己而苦不堪言的时候，美国的哈佛大学和剑桥大学幽默科学杂志《不可能的研究纪录》举办的"搞笑诺贝尔奖"邀请他参加。格劳伯参加了这个活动，并和那些科学家们一起自娱自乐，大喊大叫。但当身边有科学家提到这一生要是真的获得诺贝尔奖，真的走上瑞典的诺贝尔颁奖台的时候，格劳伯觉得心底又有一阵阵的痛。

搞笑诺贝尔奖的颁奖典礼结束之后，所有的人都离开了会场，只有格劳伯一个人呆呆地坐在椅子上，他的大脑中还在想着真正能够获得诺贝尔奖的事。也许是看到台上太多的纸飞机和颁奖留下的纸屑，格劳伯不由得拿起角落中的扫把，开始清扫起会场来。他一下一下努力地挥动着扫把，看着慢慢积聚起来的纸屑，格劳伯忽然间觉得自己的心是那么的宁静，他忽然间为自己这些日子以来的不安觉得可笑。当那些纸屑被格劳伯倒进垃圾桶的时候，格劳伯觉得自己的心灵一下子轻了许多，就像自己心灵上的那些尘埃随着自己的扫把一下一下都扫进垃圾桶里了一样。

第二年、第三年……第五年，已经白发苍苍的格劳伯还是头戴斗篷手拿扫把，早早地就站在搞笑诺贝尔奖的颁奖典礼上，他已经等不及那些人离开再扫，他在人们一边颁奖的时候，他就一边扫那些台下的人投掷上来的纸飞机，仿佛他的眼前也只有纸屑和飞到台上的纸飞机，至于那些奖颁给谁，谁上台领奖已经与他无关。就这样，格劳伯一直在搞笑诺贝尔的颁奖典礼上，整整当了 11 年的清扫工。

2005 年，真正的诺贝尔物理学奖落到了格劳伯的头上，这一年，格劳伯刚好 80 岁，人们以为获得了真正的诺贝尔奖，格劳伯不会再出现在搞笑诺贝尔的颁奖典礼上，更不会再拿起扫把。然而就在这年的搞笑诺贝尔颁奖典礼上，格劳伯又拿起了扫把，站在台上。

格劳伯的一名学生冲到台上，想拿走格劳伯手里的扫把，格劳伯却对他的学生说："你以为诺贝尔奖的真正获得者就不是常人，他们心灵就没有污垢？所以，你不能拿掉我清扫心灵尘埃的扫把，你要知道我在清扫颁奖会场的时候，其实也在清扫自己的心灵。"

一位真正的诺贝尔奖获得者拿着扫把整整清扫了 11 年搞笑诺贝尔奖的现场，这是一件史无前例的事情。更让人感动的是，已经 82 岁的格劳伯在 2007 年仍对那些希望他放下扫把的人说："我手中的扫把，我将一直握下去，因为它能够让我清醒、执着地去做自己的事情，这是我清扫心灵的扫把，谁也不能从我手里拿走！”

人生的道路漫长，路途崎岖不平，总会有迷茫，困惑，怀疑，沉落……的低谷，当这一切袭裹、困绕你的时候，你无从把握，有时会迷失自己。这时，需要的是一把格劳伯的清扫心灵的扫把，把心灵的尘埃慢慢地扫进垃圾桶。这样，你的心灵在不断地清扫中会渐渐地平静、重新整理，才会充满生机，清醒地面对未来的路。

坦然地面对拒绝，坚定地追求自己的理想

如果你从事销售工作，做出 10 万元业绩，跟做出 1 元业绩有什么差异呢？这其中的差异就在于，如何能不因别人的拒绝而却步。一流的业务员往往是遭受拒绝最多的人，他们能把别人的“不”化成下一次的“是”。

心理学家韦恩曾经帮助过一位奥运跳高选手，当时他正面临瓶颈，无法超越自己以往的纪录。韦恩在看过他的练习后，立即就找出了其中的症结。原来每当他触杆时，就会陷入心理上的障碍，把一件很平常的触杆看成是莫大的失败。

为了破除他的心结，韦恩把他叫到面前来，告诉他：“如果真要我协助你，就不可再有那种失败的念头。因为长久以来在你脑子里所形成的失败图像早已根深蒂固，所以每次跳高，在你脑子里认为，失败的机会远远超过成功的可能，因而无法发挥内在的潜能。如果下次再触杆，只要付之一笑，别认为那是失败，重新鼓起信心再试跳一次。”

那位运动员照韦恩教他的方法，只不过 3 次试跳后，他就超越了过去两年里的最佳纪录。虽然增加的高度只有几厘米，但是从此以后，他对人生的看法全变了。同样的道理，只要你的观念有小小的改变，整个人生就会有天壤之别。

你可能听说过史泰龙其人。你以为他能崛起于影坛是十分顺利的吗？绝对不是。他在试图踏入电影界的过程中，是忍受了一次又一次的拒绝，前后共有 1000 次之多。他跑遍了每一家电影公司在纽约的代理，可是都遭拒绝。不过他并不气馁，继续敲门，一再尝试！最后终于担纲演出“洛基”

一片。你可曾听过有在被拒绝了 1000 次之后，还敢去敲第 1001 次门的人吗?

你能忍受多少次别人说“不”呢?你有多少次因为不想听别人说“不”，而放弃了可以晋升的地位呢?你有多少次因为受不了别人说“不”，因而不再去找份新工作或再拜访一位新客户呢?你想想，这样是不是有些可笑?只不过害怕再听到那个“不”字，你就把自己给限制住了。其实，这个字并不具任何力量，它之所以会对你产生限制的力量，全是你自己内心造成的。当你有了自限的想法，就产生自限的人生。

你不妨试着努力让自己每听到“不”字便能振奋，你可以把拒绝看成是一个潜在的机会。别忘了，成功是躲藏在拒绝后面的。

未曾遭遇拒绝的成功绝不会长久。你被拒绝得越多，你就越成长；你学得越多，就越能成功。当下次别人拒绝了你，你得好好地跟他握个手，这会改变他的态度，有一天“不”会变成“是”。只要你知道如何面对拒绝，便必能得着所要的许多东西。

也许每个人都会有自己的信念。决定一个人能否获得成功的，不是有没有信念，而是信念是否坚定。有的人一旦树立了一个信念，就会坚定地去执行。不管遇到什么困难和阻碍都不会轻易地放弃。而有的人虽然开始树立了一个信念，但是朝三暮四，左顾右盼，一旦遇到点儿困难便滋生退意。这样的信念就如墙头草，风吹两边倒，自然不能成就什么事业。坦然地面对拒绝，坚定地沿着自己的理想去奋进，你才可能到达理想的终点。

把挫折当作发现和锻炼自我的机会

在每个人的成长过程中，挫折是不可避免的。但是每个人在遇到挫折后的情形是不同的。对于有的人来说，挫折是一座山，无法攀越，挡住了前行的路；而对于优秀的人来说，挫折是一块前进的垫脚石，可以让他走得更远。

可以毫不夸张地说，任何成功的人在达到成功之前，没有不遭遇过失败的。爱迪生在历经上万次失败后，才发明了灯泡；而沙克也是在试用了无数介质之后，才培育出小儿麻痹疫苗。

你应把挫折当作你发现和锻炼自我的机会。这样，就能调整你对逆境的反应，并且能促使你继续为目标努力，而不是认为自己已陷入了绝境。

然而，挫折并不保证你会得到完全绽开的利益花朵，它只提供利益的种子；你必须找出这颗种子，并且以明确的目标给它养分并栽培它；否则，它不可能开花结果。

当你遇到挫折时，切勿浪费时间去算你遭受了多少损失；相反，你应该算算看你从挫折当中，可以得到多少收获和资产。你将会发现你所得到的，会比你所失去的要多得多。如果你把失败看成是激发你以新的信心和坚毅精神重新出发的契机，那成功只不过是时间上的问题罢了。当你处于逆境时，你必须花数倍的心力，激励自己，去建立和维持自己的积极心态；同时，也应运用你对自己的信心以及你的明确目标，将积极的心态化为具体行动。

洛克菲勒、艾柯卡等都是世界名噪一时的企业家，他们的传奇经历和独特的经营管理之道，一向为人们所津津乐道。很多人都以为他们必然自幼便是超群脱俗的天才人物，事实上却并非如此。那他们为什么会成为杰出的经营者呢？是否有其共同之处？经过经济学家们的调查得知：原来他们之中每一位都是“积极反应”者。

人人自幼都有各种不同的体验，所谓“积极反应”者，就是在遇到艰难险阻时，绝不惊慌失措，依旧遵循着自己的想法，努力前行。

举个例子来说，如果自己知道能力比不上别人，便怨天尤人，自甘堕落，这种人就是“消极反应”者。相反，如果毫不在乎他人胜过自己，依然根据自己的步调，一步一步向前奋进的人，则被称为“积极反应”者。另外，在遭受挫折失败后便陷入绝望的深渊，再也打不起精神努力进取的人，是“消极反应者”；而在遭到失败打击后，却能特别留意自身的弱点，然后改善它，进而取得成功的人，就是“积极反应”者。

阿迈尔参加纽约市的演讲比赛，没能进入决赛，爸爸和妈妈一起去接他回家。

一见面，爸爸就问他：“你是输了，还是没有赢?”

阿迈尔不解地问：“这有什么分别?”

爸爸没有回答他的问题，只是再次问道：“下星期在史泰登岛的另一场比赛，你还打算参加吗?”

阿迈尔十分坚决地说：“当然要!”

爸爸说：“那么，你今天只是没有赢，而不是输了!”

一个输了的人，如果继续努力，打算赢回来，那么他今天的输，就不是真输，而是“没有赢”。相反地，如果他失去了再战斗的勇气，那就是真输了!

海明威的名著《老人与海》里面有这样一句话：“英雄可以被毁灭，但是不能被击败。”尼采说过这样一句名言：“受苦的人，没有悲观的权利。”英雄的肉体可以被毁灭，但是精神和斗志不能被击败。受苦的人，因为要克服困境，所以不但不能悲观，而且要比别人更积极!

据说徒步穿过沙漠唯一可能的办法是等待夜晚，以最快的速度走到有荫庇的地方一站，中途不论多么疲劳，也不能倒下，否则第二天烈日当空，加上沙上炙人的辐射，只有死路一条。

在冰天雪地中历险的人，也都知道，凡是在中途说“我撑不下去了，让我躺下来喘口气”的同伴，必然很快就会死亡。因为当他不再走、不再动，他的体温迅速降低，跟着就被冻死。

在人生的战场上，我们不但要有跌倒之后再爬起的毅力，要有拾起武器再战的勇气，而且从被击败的一刻，就要开始下一波的奋斗，甚至不允许自己倒下，不准许自己悲观。那么，我们就不是彻底输，只是暂时地“没有赢”了！

记住：最伟大的成就，常属于那些在大家都认为不可能的情况下，仍不绝望，仍坚持到底的人。

不管自身的条件如何
都要坚持自己的梦想

玛丽·哥罗达小时候学不会阅读和写作，专家们断定她智力迟钝。青少年时期的玛丽又得到一个绰号：“无可救药的家伙”，并被送去教养两年。可就在教养所这个禁闭之地，玛丽开始奋起学习。她每天伏案攻读 16 个小时。老天有眼，她终于拿到了高中毕业证书。

但厄运却接踵而至。离开教养所后她先是未婚先孕，两年后再次怀孕。接二连三的打击几乎摧毁了她好不容易才获得的阅读和写作能力。在父亲的帮助和支持下，玛丽重新振作，将所丧失的信心又追了回来。

在极度拮据的境况下，玛丽投身于慈善事业。最后靠微薄的收入，她收养了 7 个孩子。这期间她开始学习社区学校的课程，结业后她又考入奥班尼医学院。

1984 年春，在俄勒冈州，玛丽——她现在已经结婚了——气度非凡地走入毕业典礼会堂。当她伸手接过那蕴含着她的自信与坚韧的证书时，没人能猜出玛丽心中的万千涟漪。这一纸证书向整个世界宣告：这里，在这个星球上一处不起眼儿的地方，站着一个敢于执着于遥远梦想的人，一个向整个世人昭示我们人类非凡卓绝的人——她就是玛丽：医学博士。

不管自身的条件如何，你都有权坚持自己的梦想。正如拿破仑·希尔所说：“珍视你的梦幻与憧憬吧，因为它是你心灵的结晶，是你成功的蓝图!”

一些人认为，所谓成功，无非就是那套 ABC 理论——才智、闯劲和勇气。但我们要想成功，光有这三条是远远不够的。你还必须以顽强的耐力应对生活中遇到的各种坎坷、障碍。布克·特·华盛顿曾说过：“我以为，衡量一个人成功与否，不完全是以他在生活中所得到的地位为标准的，而是由他在努力通往成功的路上越过的障碍多少作为尺度的。”

由于胡里奥用世界上 6 国语言演唱的唱片已经销售了 10 亿多张，致使他获得《吉尼斯世界纪录》创办者颁发的《钻石唱片奖》。在欧洲，胡里奥已经 5 年都是流行歌曲的榜首明星，《法国晚报》曾赞扬他为 20 世纪 80 年代的一号歌星。歌剧明星普拉西多·多明戈这样评价这位 40 多岁富有激情的西班牙演唱浪漫民谣的歌手：“胡里奥达到了每个歌唱家梦寐以求的造诣，既会唱古曲的，又会唱通俗的，他打动了所有观众的心。”

胡里奥假如没有信心、勇气和铁一般的毅力，那么今天他可能只是一个默默无闻的残疾人。说来也奇怪，他的成功还是由于一起车祸事故引起的。

1963 年 9 月，胡里奥 20 岁生日前，他和 3 个朋友沿着郊区的大路驱车向马德里家中驶去，当时已过午夜，纯粹出于年轻人的胡闹，他把车速开到每小时 100 公里，驶到一个急转弯处，汽车陡然滑向一侧，一个跟头翻到了田里。非常幸运的是，当时没有人受重伤。过了一段时间，胡里奥感到胸部和腰部急剧的刺痛，伴随着呼吸困难和浑身发抖，神经外科专家诊断是脊椎出了问题。胡里奥瘫痪了，他被送到一个治截瘫病人的医院。脊柱检查发现：他背上在第七根脊椎骨上长有一个良性瘤，随后做了外科手术把瘤摘除。但是胡里奥回家后腰部下面仍不能动弹，这种情形实在让人沮丧：胡里奥在几年后可能会恢复一点儿活动能力，但是进展缓慢，锻炼使得他筋疲力尽，胡里奥有时也很绝望。有位护士得知这情形，给了他一把廉价的吉他，他开始无目的地拨弄起来。他发现这种乱弹乱奏给他消除了忧虑和无聊。这种乱奏引发他跟着哼起来，后来试着唱出几句，使他高兴的是，自己的嗓音还不错。

手术后的 4 个月，胡里奥站在地板上，手抓着他家里楼梯的扶手，费力地试着举步上楼，这样的练习使他气喘吁吁。但他总算抬起了迈向康复的第一步。

他每日的目标就是比头天多迈出一步，为了加强身体其他部位的锻炼，他沿着门厅不停地爬行四五个小时。在他家的消暑住地，他能拄着拐杖沿着海滩缓慢费力地行走，而且每天早上，他在地中海里疲倦不堪地游上三四个小时。到那一年的秋天，他换成拄一根手杖行走。几个月后，他把手杖也扔到了一边，每天慢行 10 公里。

1968 年，他于法学院毕业，他曾打算进外交使团。在那时，音乐仅是一种消遣，长期而孤独的恢复期使胡里奥产生了灵感，他总算写出了自己的第一首歌《生活像往常一样继续》。

尽管他迟疑过，最后还是同意在西班牙一年一度为流行音乐举行的最重要的比赛——《本尼多姆歌节》上演唱那首歌。在那次比赛中，胡里奥获得了一等奖。这首歌一时在全国流行起来，并成了一部西班牙电影的片名，这部影片是根据他和瘫痪做斗争的经历而写的，他主演了这部电影，这样又成了一位电影明星。

作为一个世界性的音乐家，公众对他的接受有一个漫长的过程。在他用歌声征服拉丁美洲的过程中，他首先得征服村民们，使他们知道胡里奥是谁。1971 年他在巴拿马时，身无分文，露宿在公园的长凳上。就在这种情况下，他也没有怀疑过美好的明天在向他招手。他身体上的复原让他决心不放弃任何梦想。

1972 年，《献给佳丽西娅的歌》结束了他黑暗的日子，这首歌那跳动的民间节奏，使得它流行于整个欧洲和南美。

很快，他又推出了其他流行曲目。1974 年，他的唱片《Manuela》使他在法国成为第一个获得金唱片奖的西班牙歌手。

有一次，在阿根廷的马德普拉特举行了一场音乐会后，一对夫妇送给胡里奥一颗钻石戒指表达他们感激的心意，因为在他们即将分手之际，是他音乐里的温柔和渴望使得他们夫妇重归于好。

1981 年，胡里奥写的自传《在天堂和地狱之间》一书中，他描述了自己婚姻的破裂，其痛苦的程度不亚于那次瘫痪。他体会到了失败，陷进了深深的绝望之谷。他得做出超人的努力来面对观众。那时他觉得他的双腿又瘫了，可一位精神病医生对他说是他的思想出了问题：“你应该像从前那样，把自己投入到事业中去。”有位医生建议：“继续你已开展的事业——不达顶峰不罢休。”

有了这些鼓励，胡里奥感觉好多了。从那以后，他严格遵守医生的指导，时刻不忘 20 年前的自我疗法：每天要比昨天多迈出一步。

1987 年，胡里奥和哥伦比亚广播唱片公司签了一项长期合同，他细心而不知疲倦地工作，花了 6 个月的时间录一张唱片，他先用西班牙语演唱，后来用了法语、意大利语、葡萄牙语和德语。他同时还得花些时间录制用英语首次演唱的唱片。

虽然他是个语言天才，但是用多种语言进行 7 小时的录音过程也够折腾人的。他对“我爱你”这几个字的发音特别精益求精。即使用西班牙语演唱，在录音时他也能花上一个多小时反复练习，直到达到了他认为能给人以美的享受时才停止。

胡里奥回顾瘫痪时的黑暗之日，发现有很多东西值得感激。他说：“我在音乐方面获得的一切成就，都来源于那次痛苦的经历。”现在健康、愉快和已经成名的胡里奥，他的生活本身证明了他写进第一首歌《生活像往常一样继续》中的箴言：

人总有理由生存，总有理由奋斗！

我们每个人都得应对那些令人头痛的、失意的事情。我们暂且把地位问题放在一边，为了成功，你必须具有耐力。一位有名的拳击手在他的《再战一回合！》中充分表现了这种顽强耐力，他写道：“再战一回合！当你双脚站立不稳，马上就要跌倒的时候，再战一回合！当你筋疲力尽，无法抬起双臂防御对手的进攻时，再战一回合！有时，你被打得鼻青脸肿，无力再战，甚至你希望对手干脆猛击一拳将你打昏过去时，此时此刻——再战一回合：记住，一个常常‘再战一回合’的人是不会被打垮的。”

在奋斗的过程中培养顽强拼搏的意志

伟大人物最明显的标志，就是坚强的意志。具有顽强意志的人，就像一颗大树一样，傲然挺拔，他们面对困难和挫折，不灰心丧气，更不会退缩，坚信自己经过艰辛的努力一定会把事情办得好一些，工作尽量做得成功一些，事业进行得发达一些。心理学家指出，顽强的意志和毅力能够有力地支撑起信念这面大旗，能够格外地吃苦耐劳，克服别人克服不了的困难，激发出潜在的巨大能量，发挥出超常的聪明才智，最后一定会走向成功。

当一个人有了信念乃至已经形成坚定的信念的时候，能否果断地采取行动，逐步将注入头脑中的信念化为活生生的现实，却需要极大的勇气。没有勇气作为动力的信念，有如没油的高级轿车，是永远不会启动的。这个问题说起来容易，做起来很难。因为无论追求什么样的信念，首先要付出很大的艰辛。比如要利用业余时间写一本书，就要牺牲不知多少休息时间，呕心沥血，绞尽脑汁，挑灯夜战，伏案笔耕，以至“为伊消得人憔悴”。经过长时间的纸上耕耘，才会最终有收获。如果贪玩，吃不得这份苦，肯定会半途而废。

要鼓励自己不甘于失败、挫折和平庸，不找借口为自己缺乏勇气开脱，甚至在没有任何成功迹象的时候，仍然梦想着并坚持下去。这样，你就会变得振奋、自信，具有坚强的意志力和满腔的热情，走进为自己重新建造起来的新生活。

日本有一所“鼓气学校”，教导学生如何学会重新梦想成功，对事业上失败的竞争者进行“回炉锻炼”。学员们按照学校的要求，在身上挂满了令自己惭愧不已的性格弱点的小纸条，还有自己的理想和下一阶段的奋斗目标。他们每天吟诵不已，以激励斗志，改换精神面貌。上课时则轮流复述自己的梦想，并在最后用力喊道："我一定要实现!"这种剧烈的方式会以强大的冲击力唤醒一个人沉睡的心灵。据说从"鼓气学校"出来的人，大多表现了顽强拼搏的意志，从而重新获得事业的成功。

实现梦想，实际是个如何激发动机、立志图变的过程。在一定的情况下，梦想可以变为现实。从实现梦想的奋斗过程中，可以培养一个人坚定的意志，具体可采用下面的过程和方法：

(1) 每天想象自己的目标，检查自己的努力

这种方法就是将自己心中的梦想一一记下，然后依欲望的大小，确定顺序，而且每一项只能有一种。在早起或晚睡前 3 分钟，默想一下，在头脑中过过电影，检查一下自己有没有朝这方面努力，再想一想今天或明天应该干什么，怎么干。只要这个梦想存在于头脑中，它就有诱惑力，而且诱惑力越大，你的动机就越强，努力的方向就愈明确，它就会有意无意地推动着你朝着这个目标努力。

美国的阿琳·达尔是个爱"做梦"的人，并成功地将梦想变为了现实。她本来是一个成功的女演员，现在则又是企业家兼作家。她的梦想实现法是："每年 1 月 1 日那天，我拿出一张纸和一个信封，我把我生活中想要改变的一切都写下来。它可能是个自我完善的计划、节食计划、学一种语言或是我业务上的事情……任何我感到为了完善自己，在新的一年里需要做的事情。然后当记下 10 或 12 件事之后，我在纸上标好日期，把它装进信封并封好。接下来，我把信放在抽屉里，在 7 月 1 日以前不去动它。但是，在这 6 个月中，这些目标在我的潜意识里起着作用。我发现自己在实现这些目标。因此，在 7 月 1 日打开信封时，我往往因为许多事情可以被划掉而感到惊讶。至于那些没有做的事，我继续做。这些又进入了抽屉和我的潜意识中，到了年底，我把它们划掉——如果完成的话。如果没完成，我就把它们排在下一年计划单的最前面。”

每天想象自己的目标，检查自己的努力对培养顽强的意志是非常有益的。

(2) 时刻保持“既定目标角色”的使命感

美国肯塔基州的一位医生，从小境遇很差，是个弃儿，但后来却成为一个出色的名医，他的成功，便与梦的暗示有关。他说：“我是由姑妈抚养的。暑假时，则由外祖母和两个姨妈抚养。姑妈讲我将来成了一名医生的故事给我听。”他还说，“事实上，我在7岁时就知道我是个医生。”从此，他就遵从这种引导，并时刻保持着这种医生的使命感。

梦想是很有力的暗示，虽然梦想往往不一定成功，但不去向往胜利，或者一开始就感到自己会输，那就肯定会失败。如果说，树立目标是梦想实现法的第一步，那么，暗示的力量——奔向目标的积极心态与多种准备和努力，则是梦想实现法的推动器。

(3) 充满热情地通过自我暗示激励自己

每个人都能通过暗示或自我暗示激励自己。一种最有效的形式就是有意识地记住一句话，以便在需要的时候，能从潜意识心理闪现中得到鼓励。

威廉·丹福斯是美国密苏里州某农场的一个经常有病的孩子，他的老师就用“我激励你”这句话去鼓励他，鼓励他成为学校里最健康的孩子。于是，“我激励你”成了威廉·丹福斯一生自我激励的警言。这句话果真使他成了学校中最健康的孩子，并激励他建立了美国最大的公司之一的若尔斯通·陪里拉公司。他还组织了美国青年基金会，帮助青年训练独立生活的能力。后来，他又写了一本书，书名就叫《我激励你》。

所以，在运用梦想实现法时，要充满热情，不要在一两次拼搏后就轻易划上句号。要善于保护自己已经形成起来的热情和激情，做好经受各种挫折的思想准备，这样，才能一步一步地去实现理想。

不断地努力向前走，才不会在生活中迷失

一个普通人，你问他（或她）希望从生活中获得什么，回答总是些明确的、具体的目标，如良好的教育、优越的职业、美满的婚姻、和睦的家庭、金钱、成功等等。

这些目标对于你设计令人满意的生活没有多大帮助。之所以这样，原因有二：

第一，这些目标是固定的，缺少变化的；而生活恰恰相反，它是动态的，不稳定的，变幻无穷的。例如，你希望有一个好的职业，这意味着什么地方有那么一个职业在等着你，它将永远使你感到愉快。或者你向往一桩美满的婚姻，这意味着如果你找到了意中人与他（她）结婚，那么，以后你会一辈子生活得很幸福。

遗憾的是，实际情况并非这样。实际上，所有目标如果不做某些调整、更新，就会因时光的流逝而黯然失色。一种工作于第一年兴味盎然，5 年之后，则对它没有多少兴趣了；若仍不更新，10 年以后它就会变成机械的活动，20 年以后则如同坐牢了。婚姻也同样如此，离婚率也许是婚姻失败的最好的标志。它的持续上升告诉人们，即使是所谓“白头偕老”的爱情，如果缺乏新意，随着时间的流逝，也会减弱，甚至产生变化。

这些特定的具体目标并不是我们为之奋斗的重点所在。

其第二个原因是：它们一旦实现，就不再显得重要了。提职、挣 1 万美金，与世界上最显赫的人物结婚，赢得金牌，获得学位，完成定额——

这些都只是引诱我们去追求的理想，它们是令人神往的，特别是在开头的时候。但是如果它们只是空洞的允诺，没有在现实中得到实现，就失去吸引力了。就算是有幸实现了，随着时间的推移，我们的感觉也会逐渐麻木。美国女诗人艾米·狄金森写道：“从未成功者，方知成功甜。”没有哪一个具体的目的一旦达到了，它还能使人们保持对它长时期的兴趣。在现实生活中，没有这种“理想的境界”，要认识这一点，需要相当的生活阅历。在现实生活中，有的只是通向理想境界的道路，而我们总是走在这条道路上。

放弃“结局”的概念，是我们规划人生的最重要的一步。很多人很难接受这一点。但对单一的幸福结局的追求，总是会遭到失败的。

这听起来似乎悲观，不过那只是在你将生活看成是单纯的情况下才这样。生活是复杂的——这才令人感到兴味无穷。

你应该用这种态度看待生活：将生活看成是在你前面无限延伸的、漫长的、渺无尽头的道路，你只有不断地努力向前走，才不会在中途迷失。

在这方面，许多杰出的人士在这方面为我们树立了很好的榜样。

巴西著名足球明星贝利在足坛上初露锋芒时，记者问他：“你哪一个球踢得最好？”他回答说：“下一个！”而当他在足坛上大红大紫，成为世界著名球王，已踢进1000个球以后，记者又问他同样的问题时，他仍然回答：“下一个！”大凡在事业上有所建树的人，都同贝利一样有着永不满足、不断进取的精神。马克思曾说过：“任何时候，我也不会满足，越是多读书，就越深刻地感到不满足，就越感到自己知识贫乏。科学是奥妙无穷的。”人生的价值在于不断进取。在这方面，无数成功者为我们树立了光辉的典范。

伟大的西班牙画家毕加索死的时候是91岁。毕加索90岁时，仍然像年轻人一样生活着，不安于现状，寻找新的思路和用新的表现手法来运用他的艺术材料。在90岁高龄时，他拿起颜色和画笔开始画一幅新的画儿时，对世界上的事物好像还是第一次看到一样。年轻人总是在探索新鲜事物，探索解决新问题的方法。他们热心于试验，欢迎新鲜事物。他们不安于现状，朝气勃勃，从不满足。老年人总是怕变化，他们知道自己什么最拿手，宁愿把过去的成功之道如法炮制，也不冒失败的风险，而毕加索即使在老年却也有着年轻人一样的热情。

大多数画家在创造了一种适合于自己的绘画风格后，就不再改变了，特别是当他们的作品受到人们的欣赏时，更是这样。随着艺术家的年岁增长，他们的绘画虽然也在变，可是变化不会很大了。而毕加索却像一位终生没有找到他的特殊艺术风格的画家，千方百计地寻找完美的手法来表达他那不平静的心灵。

毕加索作画儿，不仅仅用眼睛，而且用思想。毕加索的画儿，有些色彩丰富、柔和、非常美丽，有些用黑色勾画出鲜明的轮廓，显得难看、凶狠、古怪，但是这些画儿启发我们的想象力，使我们对世界的看法更深刻。面对这些画儿，也许我们不禁要问：毕加索看到了什么，使他画出这样的画儿来？我们开始观察在这些画儿的背后究竟隐藏着什么。

毕加索一生创作了成千上万种风格不同的画儿，有时他画事物的本来面貌，有时他似乎把所画的事物掰成一块块的，并把碎片向你脸上扔来。他要求着一种权力，不仅把眼睛所能看到的东西表现出来，而且把我们的思想所感受到的也表现出来。他一生始终抱着对世界十分好奇的心情，就像年轻时一样。

假如你喜欢欣赏画儿，不妨找些毕加索的画册，感受一下这位杰出的画家不断在努力中的激情。

面对任何结局我们都应该继续奋斗

1914年12月的一个夜晚，一场大火残酷地烧毁了托马斯·爱迪生的研制工厂，他因此而损失了价值近百万美元的财产。

第二天早晨，这位年已67岁的发明家徘徊在那将他的希望与梦想化为乌有的废墟之上，却达观地说道："看来灾祸也能给人带来价值，我们所有的错误都被烧掉了，现在我们又可以一切重新开始。"

爱迪生深深懂得了人生的一个重要原则：几乎每一种结局（无论是好的，还是坏的）都受我们对之所持态度的影响。

一位美国心理治疗专家，多年来研究过乐观者为什么快乐永驻，他分析了数百名成功者的生活经历。他相信，如果你也试用一下这些经受时间检验的办法，你将会更好地体现自己生命的价值。

（1）幻想未来的成功

乐观者总是在自己的脑海里构想自己成功的蓝图伟业。心理学家曾经问一位世界级的射击手，他是如何在这一运动项目上获得成功的。他说："其中的秘密就是靠自己的精神状态，我每天都在自己的脑中映现出自己射中高分时的情景。"

有一位公司的总裁竟是靠挨家挨户地兜售锅和盘子开始他的销售生涯的。在他开始的第一天，他跑了40多家，却只卖掉了一件。他永远记得最后买下他东西的那位妇女的脸——她从起初的怀疑变为后来极有兴趣的接受。多年来，每当他遇到困难之时，都会想起那张类似“法宝”的脸。

（2）从失败中寻找成功的机会

几年前的一天，一位作家和他的著作权代理人迈克去见一位编辑，希望出版一部书稿。没想到他们当场受到拒绝。在回旅馆的路上，作家灰心丧气，而迈克却不。

“这就是销售的乐趣所在”，迈克大声说道，“我们还会再次去唤起他们的需要，到时他们将请求从我们这儿买去。现在关键的是，我们要找到一个更好的办法去说服他们。”作家所认为的失败，在迈克看来只不过是一个小小的不顺。他似乎被一种挑战心理所主宰。最后，他们真的找到了一种有效的办法，还与那位拒绝他们的编辑签订了一份出版合同。

（3）注重成功的可能性

有些人总是时时责怪外界环境的不利。“碰到我这样的老板……”（“与我这样的同学生活在一起……”，“碰到我这样的资金困难……”）“谁也无法成功。”实际上，他们就是在表明无力改变自己的生活世界。如果他们相信自己无能，其结果当然也只能如此。而这些人应该发现，他们的行动完全可以使自己变得决然两样。

（4）帮助他人

有一位妇人感到难过，因为在感恩节那天，她去求见一位牧师。牧师告诉她说：“我给你想了一个办法。”他在纸上写下了一对贫穷年老夫妇的姓名和地址。

“这些人可比你更加难过，”他同情地说道，“为他们做点儿什么吧。”

那位妇人迷惑不解地走了，但第二天，她还是驱车前往牧师所示的地方。在一间狭小的房间里，她见到了那对老人，他们已年老衰弱，几乎不能自理了。于是，那妇人决定为他们做一顿节日的晚餐。下一个星期，当她见到牧师时，她的步履重新充满了活力。“我用了很长时间也未能做成一只火鸡，”她说，“但我买来了所有的装饰物品，并在早晨5点钟就起了床将小鸟放进屋来。这是我几年来度过的一个最愉快的感恩节。”

(5) 看到人生的美景

有一位年轻人灰心丧气地来向心理学家求助。他因第二次未通过律师考试而失去了信心，感到生活毫无意义。

心理学家拿出一支笔来，问了他一些问题：“你结婚了吗?”

“结婚了。我妻子也为我的失败感到很难过。但我不明白她为什么还和我生活在一起。”

“你是否身体上有些麻烦?”

“不。我体质强健，还曾在大学里踢过足球。”

“你似乎雄心勃勃?”

“是的，”他说，“我精力充沛。这也是我踢足球成功的原因，尽管我当时是队里最小的队员。”

心理学家撕下纸条递给了他，上面写道：

妻子爱着你，决不背叛你；身体强健；雄心勃勃无穷的动力帮助你获得成功，尽管存在着一些障碍。

他看了心理学家所写的，高兴地说道：“真令人奇怪，我想自己未能通过考试是如此不幸，以至于看不到一丝希望。”

那位年轻人最后还是通过了律师考试——共试了5次。现在他已是一位成功的律师。

看到人生的美景，更好地获取自己生命的价值，对于我们不断地追求卓越是非常有帮助的。

和别人比高低不如积极地进行自我超越

随着时代的进步，在今天社会上，人们的观念也须跟着改变。其中最重要的观念之一，就是心智的提早成熟。也就是说，人们担当责任、有所作为的年龄，正在降低之中。再换句话说，青少年在社会上的重要性日见增加。

在古代封建社会，可以说是老年人为主体的社会。从家庭到政府，从种田到治国平天下，都由老年人占据高位，主持一切（世袭的皇帝是例外，但皇帝也没有特权）。年轻人只能附从，只能做配角，这也有其原因，在古代社会里，知识的传授缺乏有效的工具，只凭口述和有限的书简；知识的获得更是从经验中一步步累积而来，十分缓慢。因此，人与人之间的差别，主要是在于年龄，年龄愈大，累积的知识、技能愈丰富，当然要占高位、负重任了。偶然有一些奇才异能的年轻人，却也在这传统的压制下，难以出头。

可是在今天的社会里，获得知识、传播知识的方法速度很快，传播的渠道大量增加。例如，教育的程度提高、教育内容的充实，资讯的便捷，大众传播媒体的发展，以及研究发展环境的进步等，都不是在落后的农业社会里的人所能想象的。因此，一个人如果条件具备，便可在最短时间内获得最充分的知识。对年长的人来说，反而因为生理上的退化，吸收能力赶不上年轻人，以致落伍。因此，在现代社会里，年轻人脱颖而出，肩负重任是非常合理的。这种趋势，必然日见明显。所以，青年人应在心理上有所准备，怀抱早日担负重任的信心，不要有畏怯的心理，也不要存依赖的心理。

然而从另一个角度看，今天的社会，由于教育的发达，资讯的流通，人人都渴望求好、向上，也人人有求好向上的权利。古代流行的权威已不再存在了，谁都不能压制谁。但也正因如此，自由竞争更剧烈了。优胜劣败的原理，在竞争中特别显著。我们看到在今天的社会上，年轻人出头的愈来愈多，其中成功的固然可观，但是暴起暴落者也不在少数。因此，年轻人不能因为今天的社会有利于年轻人的发展，而心存侥幸、投机取巧，那是失败之道。年轻人要寻求成功之道，必须要自我超越。

今天的社会上，五花八门、千奇百怪的事情实在太多了。追求财富、追求名誉、追求享受，尤其对于年轻人充满了诱惑和迷恋。因此在一些年轻人的心理往往会产生一种比较的心理。“我和他的年龄相仿、受教育程度相仿、知识相仿，为什么他可以发财、他可以当官，我却不能?”在这种心态下，用不正当的方法，来达到其目标、满足其欲望。可是其本身的条件没有具备，贸然为之，当然会走上失败的道路，后悔莫及。

因此，有心理学家建议年轻人，不必和别人比高低，而是把心力放在自己身上，自我超越。所谓自我超越，就是自己与自己比赛，也即是今日之我向昨日之我挑战，明日之我向今日之我挑战。

自我超越至少有两个优点：第一，是有把握的。因为你如和别人竞赛，可能会失败，失败了就会泄气。和自己比赛，虽然也会有失败的时候，但失败了可以再试，最后必然胜利，使你斗志昂扬，兴趣盎然，永不休止。第二，是可以发挥特长的。和别人比赛，是以别人为准，要以自己去配合别人。但别人的专长，未必是自己的专长，就要吃亏；和自己比赛，可以随时发现自己的性向，予以适应，发挥所长。因此是最有效的。

在运动比赛中，如跳高，今天一米七，明天要进步到一米八，这就是自我超越。学外语，今天记 10 个生词，明天记 11 个，后天记 12 个，这便是自我超越。看书，今天看 100 页，明天看 120 页，这也是自我超越。遇到困难，今天不能解决，明天不能解决，后天解决了，这就是自我超越。自我超越是永远没有止境的，所以是成功之门。

自我超越，简单易行。唯一的秘诀，就是要结合自己的情况，选择好自己的工作目标，这样才能不断地超越，最后达到最终目标。同时，自我超越，必须有毅力和决心，凡事愈到最后，要求进步愈难，这有一定的道理。要自我超越，就应抱定不超越绝不休止的决心，这样，屡经失败，终会有突破难关、获得成功的一天。

让热情不断激励自己奋发向上

黑格尔说："没有热情，世界上没有一件伟大的事能完成。"美国《管理世界》杂志曾进行过一项调查，他们采访了两组人：第一组是高水平的人事经理和高级管理人员，第二组是商业学校的毕业生。

他们询问这两组人：什么品质最能帮助一个人获得成功？两组人的共同回答是："热情。"

热情之于事业，就像火柴之于汽油。一桶再纯的汽油，如果没有一根小小的火柴将它点燃，无论它质量再怎么好也不会发出半点儿光，放出一丝热。而热情就像火柴，它能把你具备的多项能力和优势充分地发挥出来，给你的事业带来巨大的动力。

一个推销员，虽然他只有有限的专业技术和不多的专业生产知识，但如果他有感人的热诚，那么，比起那些有良好的技术、但缺乏热诚的人来，他的销售额肯定要多得多。

考虑一下你的现状，你对你的学习，你的工作，你的目标，是否感到激动，是否有热情呢？

成功者一直有一个理由，一个值得付出、激起兴趣，且长据心头的目标，驱使他们去实行、去追求成长和更上一层楼。这目标给予他们开动成功列车所需的动力，使他们释放出真正的潜能。是热情使爱迪生做出别人所做不出的事；是热情让科学家终年孜孜不倦，寻求突破，以便把太空人送上外太空并接返地球；是热情让人生有力量、有勇气、有意义。若无热情，则无一事可成，不论是运动员、艺术家、科学家、父母或生意人，一旦缺了它，就不会奋发向上。

有一个哲人曾经说过：“要成就一项伟大的事业，你必须具有一种原动力——热情。”历史上任何伟大的成就，都可以称为热情的胜利。没有热情，你不可能关爱别人；没有热情，你不可能成就任何伟业。缺乏热诚的人，注定要在平庸中度过一生；而有了热诚，你才能创造奇迹——因为无论多么恐惧、多么艰难的挑战，热情都能赋予它新的含义。

乔治·埃尔伯特指出，所谓热情，就像发电机一般能使电灯发光、机器运转的一种能量，它能驱动人、引导人奔向光明的前程，能激励人去唤醒沉睡的潜能、才干和活力，它是一股朝着目标前进的动力，也是从心灵内部迸发出来的一种力量。

蒸汽火车头为了随时产生动力，即使停放在车库中，也必须不断加燃料，让锅炉中的煤炭始终处于燃烧状态。人也同样如此，必须始终保持着旺盛的热情。甘·巴卡拉曾说过：“不管任何人都会拥有热情，所不同的是，有的人热情只能维持 30 分钟，有的人热情能够保持 30 天，但是一个成功的人，却能让热情持续 30 年。”

当你的脚踩上加速器时，汽车便会马上产生一股动力，向前行驶。而热情也理应如此。因此，你必须牢记：

热情是动力；

思想是加速器；

而你的心就是加油站。

适应变化，享受新生活带来的乐趣

现代社会是一个激烈竞争的社会，竞争各方为了跻身竞争前列，无不使出浑身解数，不断推出新思想、新办法、新技术、新产品。激烈的角逐和竞争，使社会现象变化迅速异常。现代社会变化的速度，是历史上任何一个时代都无法比拟的。生活在这样一个变化多端的社会，需要人们具有最灵活、最敏捷的应变能力，审时度势，纵观全局，于千头万绪之中找出关键所在，权衡利弊，及时做出可行、有效的决断。从某种意义上可以这样说，在现代社会中，这种素质已经成为一种新的生存能力。谁能最及时地正确洞察社会变化，并能最迅速地做出反应，谁就将走在前头。而头脑封闭、反应迟钝、因循守旧、故步自封的人，会一再地错失良机。不能深察明辨、盲目轻率地追随变化潮流的人，也会“差之毫厘，谬以千里”，造成决策的失误。

在现代社会，如果单单向前人讨教怎样生活、怎样做人已经远远不够了，更需要自己在社会生活中去探索、去体会、去总结。对于生活和做人的道理，前人确实探索过、研究过，留下了极其丰富的著述，充满了哲理和心得。但是倘若你以为凭了前人的经验之谈，就可以顺顺当当地走完自己的人生之路，那就可能要大吃苦头。

在多变的社会里，真正的危险不在于生活经验的缺乏，而在于认识不到变化，或不能把握变化的规律。一个发展节奏加快、组合形式复杂的社会，在不同的人们中产生了不同的际遇：对于那些适应力强的人来说，多一扇门就是多一分希望，多一种变化就多一个机会；对那些适应力弱的人来说，多门等于没门，多机会等于无机会。性格封闭的人，不能把握社会变化的规律和趋势，无法对这种变化做出快速的反应，在多变的社会中就会处处碰壁，撞得鼻青脸肿而找不到出路。加速旋转的生活舞台，可能产生一种离心力，把一些不适应的弱者甩出去。

在变化面前无法入门的人，自己也难以享受新生活带来的乐趣。

在美国一个银行里，一个老太太愁眉不展地长久发呆，她忧伤地对银行职员说："并不是因为我个人的生活使我不安，而是整个世界都在变化，甚至像打电话这样的事情也由电子计算机或别的什么机器来代替了。"发生在周围的数不清的变化，简直使她不知所措，在变化中陷入困境。

老年人害怕变化，希望按照自己熟悉的生活方式安度晚年，这没有什么奇怪。害怕变化，这是心理衰老的一种标志。但是，年轻人却应当欢迎变化，不应当对变化采取漠视甚至固执的态度，因为那将会有使自己的心理发生衰老的危险。

那么，现代人怎样才能适应多变的社会呢?

(1) 在思想上对变化要有充分的准备

我们今天的生活中，各种新的东西犹如市场上的各种货物，琳琅满目，相互竞争，供你选择。新的生活潮流滚滚而来，滔滔不绝。如果以迟钝的、保守的眼光看待和对待今天的生活，就势必会被不断向前的生活新潮流远远抛在后面，从而成为一个"不识时务"或"不合时宜"的人。

(2) 在心理上要有高度的灵活性

高度的灵活性是指不拘泥于任何程式、习惯和经验，不受任何既定的思路和方案的束缚，随时拿出新的招数来应对新的情况，以快速的心理反应来应对快速变化的形势。传统的人常以一种"打井"的思维方式想问题，沿着笔直的思路深钻下去，并且矢志不渝。当然也有钻出成果来的，但是因此而钻进死胡同的人亦屡见不鲜。现代社会要求人们不要沿着自己的思路单线思考，而要立体钻研，全方位思考。就像地质钻探一样，这里试一试，那里钻一钻，钻不进去，就赶快换个地方，直到找到能够钻进去的地方为止。

锲而不舍，是传统社会的成功经验；虽然在高速变化的现代社会，对目标的追求需要锲而不舍，但方法、途径却不一定非要锲而不舍不可。过分强调“锲而不舍”，就有陷入呆板和僵化的危险。灵活转移却比锲而不舍有着更大的意义。因为现代社会变化太快了，在一个封闭的系统内深钻，钻得越久，离飞速发展的现代社会相距就有可能越远。遗憾的是，有些人对于灵活转移的必要性至今尚认识不足。

当然，我们并不提倡见异思迁，做一件事三分钟热度，频繁地转移目标。但我们也反对头脑僵化，不知变化，“一条道走到黑”。我们主张的是志向和兴趣的战略性转移。也就是说，应当根据自己对现实环境的新的认知水平，结合自己的条件，发挥个性所具有的自我调节的能动作用，不断地重新校正和确定方向，选择途径，以顺应新的社会现实。

事实上，在现代社会激烈的竞争中，能够跻身于强者行列的，多数并不是固执己见、碰了南墙不回头的人，而是思路灵活，知其不可，赶快转向的人。社会的变化是如此迅速，凝固的兴趣将意味着自弃。如果一味以“锲而不舍”自许，也许你顽强的毅力犹存，但创造的精灵却早已悄悄地拂袖而去。

性格的高度灵活性还表现为具有反经验性的倾向。真正性格灵敏的人，不是把过去的成功经验当作灵丹妙药，到处套用，而是坚信经验只能说明过去，不能完全适用现在与未来。他们不会忘记经验的参考价值，但决不拘泥于它。事实上，经验作为人们认识世界的基本环节之一，在任何时候都是需要的。在实际工作中，经验也是成功的因素之一。但同时也应看到，经验往往有很大的局限性，它要受到个人智慧和实践活动的广度及深度的限制。而且，人们的行动总是面向未来，而经验却只属于过去。

现代化生产和商品经济的发展带来社会活动的一系列变化，其复杂状况、变化程度和相互制约、相互作用的程度，是以往任何时候都不可比拟的。一项重大决策，其因素之繁多，结构之复杂，功能之综合，时空跨度之大，参变量之众多，输出输入信息量之巨大，都是传统社会所不曾具有的。复杂多变的社会，大大加速了已有经验的陈旧化。死守于过去经验的人，难免会碰大钉子。生命之树常青，万事万物都在变，认识事物、改造事物的方法也在变。今天适用的方法明天不一定适用；此地适用的方法，彼地不一定适用。

（3）面对挑战早有准备

每当面临复杂的局势和关系重大的场合，如出席一次学术讨论会、举行一次公开讲演、参加一场关键性的比赛，大多数讲究绩效的人总是一遍又一遍地反复考虑自己将应采取的相应措施和行动。例如，一个著名球星，每一次击球时，如不预先估量好挥臂幅度、球的反行路线和落点，他决不轻易出手。差不多每个人身赴重大活动之前都会浮想联翩。然而，非分之想与精心制订实践方略、以求熟练运用的心理训练却不可同日而语。一位钢琴家被囚禁长达 10 年，然而释放出来不久，他的演奏听起来和往日毫无二致。他解释说：“在狱中，我每天都在练习。”

（4）讲求效益而不拘于尽善尽美

许多有抱负、有才华、有干劲的人太着重于工作的完善无缺，以致成功甚少。有这样一位教授，她为研究某剧作家整整准备了 10 年时间，生怕遗漏了什么，以致迟迟不能将手稿交付出版。然而，就在这段时期里，那位当年名噪一时的剧作家这时在公众眼里已成“昨日黄花”了。这样，即使这位教授的研究成果日后如愿以偿出版，又能引起多少人的兴趣呢？

《感觉良好：形式情绪疗法》的作者、美国精神学家戴维，在对一家大保险公司的 69 名高级雇员测验发现，那些常孜孜不倦以求把工作做得完美无缺的人，比没有这种倾向的人，每年要少挣 8000～10000 美元。

这个结果反过来证明了心理学家的一个发现。绩效卓著的人，几乎从不受工作完美无缺之限制，他们从不把犯错误看成失败。相反，他们从中汲取教训，以便使今后的工作更为出色，这使得他们更能适应环境。

(5) 积极尝试新事物

在生活中，由无聊、重复、单调而产生的寂寞会逐渐腐蚀人的心灵。相反，消除一些单调的常规因素倒会使你避免精神崩溃。积极尝试新事物，能使一蹶不振、灰心失望的人重新恢复生活的勇气，重新把握住生活的主动权。

(6) 尝试做一些自己不喜欢做的事

屈从于他人意愿和一些刻板的清规戒律，已成为缺乏自信者的习惯，以至于使他们误以为自己生来就喜欢某些东西，而不喜欢另一些东西。应当认识到，你之所以每天都在重复自己，是由于你的懦弱和没有主见才养成的陋习。如果你尝试做一些自己原来不喜欢做的事，你会品尝到一种全新的乐趣，从而慢慢从老习惯中摆脱出来。

(7) 不要总是订计划

缺乏自信的人相应地缺乏安全感，凡事希望稳妥保险。然而人的一生是根本无法订出所谓清晰的计划的，其中有许多偶然的因素在发生作用。有条有理并不能给人带来幸福。生活的火花往往是在偶然的机遇和奇特的直观感觉中迸发出来的，只有欣赏并努力捕捉这些转瞬即逝的火花，生活才会变得生气勃勃，富有活力。

抱着“我能”的念头，勇于超越自我

有些老医生，自从出了医科学校之后，诊病下药无不用些老法子，于是渐渐步入没落之途了。他们明明应该把门面重新漆一漆了，明明应该去买些新发明的医疗器械及最近出现的新药品了，但他们却舍不得花钱。他们从不肯稍微花些时间来看一些新出版的刊物，更不肯稍费些心思去研究实验种种最新的临床疗法。他们所施用的诊疗法，都是些老套、陈腐不堪的老方法；他们所开出来的药方，都是一些不易见效的、人家用得不愿再用了的老药品。

他们一点儿也没留意到，在他们诊疗所附近早已来了一些年轻的医生，他们有最新的完善设备，病人走进去看了都很满意。开出来的药方，都写着最新发明的药品；所读的都是些最新出版的医学书报。于是老医生的生意渐渐都跑到那些年轻医生那儿去了。等他们发觉了这个情形，已经悔之不及了。“不进步”使他们失败，生意无人问津。

成功的动力源于拥有一个值得努力的目标，它促使人抛开自我，放眼寻求生命的真谛。胸怀大志的人所表现出的一个显著特征，就是他们勇于超越自我，全力以赴圆自己心中的梦。

没有生活目标的人，生活的层面十分狭隘。他们总是只关心自己，只关心眼前的一点儿利益。这种人就像井底之蛙，只知道他们见得到的天空，而不知天空实际上有多大，这种人永远也不可能超越自我，追求更高境界的生活。

追求超越自我的人，每一分每一秒都活得很踏实，他们尽其所能享受生活、关怀他人、全力以赴地做事。除了工作和赚钱以外，他们的人生还有其他意义。若非如此，即使居高位，生活富裕，也可能仍感到空虚、乏味，不知生活的乐趣究竟在哪里。

财富以外，更重要的是幸福。要享受成功，必须先明白自己工作的目的，夜以继日地辛勤工作，更要有一个明确的目标。

能充分享受生活乐趣的人，应能和他的亲人、朋友和邻居友好相处。他们热爱自己的事业，但不会以事业为唯一。他们关心业绩、生产力和利润，但同时也重视公平和公正。

从日常的观点来说，我们可以确知一件事：人生在世，不仅是为了自己，更是为了他人而生活，尤其是我们亲爱的人。只有在他们幸福快乐时，我们才会感到愉悦。其他无数我们相识或不相识的人也都是我们服务的人。我们的命运与他们的命运彼此相连。

人生战场上的真正赢家目标远大，目标明确，他们追寻生命的真谛和超越自我。他们能够把生活的各个层面融合为一体。为了享受生活的乐趣，他们不仅剖析自我，而且爱从大处着眼，展望生命的全貌。

我们的物质与精神生活是需经常依赖别人心灵的力量的。

不论是今人或古人，都对我们今日的生活有莫大的贡献，因此我们必须竭尽所能，以求回报。我们必须要超越自我，全力以赴，为全人类更加美好的生活而努力，以求突破现状，开创新局面。

进取心始于一份渴望。当你渴望实现梦想时，进取心便油然而生了。而当你坚信能改善自己的生活状况时，进取心便能滋长茁壮。渴望是原动力，当你想要一样东西时，想要做成一件事，你心中便有一份力量，推动你去获得、去进取、去追求。

进取心是内心的驱动力量，是经由想象而产生的意念。我们可以利用进取心推动我们向目标迈进。有进取心的人会勇往直前，屡败屡战，为实现梦想而努力。

每个人的内心都有一份力量，可以推动自己上进。然而有许多人却不愿为了实现自己的梦想而努力。其实，积极进取是享受生活乐趣的一个重要方面。想要在任何方面取得成就，都必须有进取心。

有人以为进取心就像汽车的遮荫篷，可有可无。其实不然。进取心犹如汽车的马达，是人的一切行为的推动力。不论这些行为的直接效果如何，有了进取心就会有行动。

进取心是可以学习而来，培养而成的。它不一定与生俱有，有进取心的人也未必才华出众，它与智商高低毫无关系，也与出身背景、家庭环境没有关联，与个人能力、教育程度等也无关系。进取心是一种发自内心的力量，让你不畏艰难挫折，勇往直前。

有了进取心，但不付诸行动，也毫无意义。要获取成功，你还必须行动起来。

失败者爱说“我但愿……”，但成功者却说“我要……”。

成功的公式是：进取心＋行动＝成功。

许多人拥有了这个公式的一半，但却缺少另一半：行动。因为在进取的过程中，他们常常临阵退缩，他们对自己的能力没有自信。

然而若你老是如此，你的一生都将在庸庸碌碌中度过。你必须换一个积极的念头：我能。

许多人只不过换了这个念头，便扭转了他们的一生。这个念头的力量惊人。

不论你的目标是什么，你必须抱着“我能”的念头。这份信念让人斗志昂扬。每天不断地用这句话激励自己，你就会发现你对许多事情充满了热情并能实现许多你以前连想都不敢想的目标。

所以，有了一份进取心之后，你必须采取切实的行动。不要松懈，不要放弃。让进取心成为你行动的动力和迈向成功的力量！

第五章

用时间和效率创造美好的未来

黑格尔说：“抓住时间，以改善自己、改善环境、改善世界，就是生命的意义。”成功与失败的最明显的界线，在于怎样分配时间，怎样安排时间。我们的生命时常消耗在对明天的期待上。这样，我们就忘记了要好好利用眼前的时光。时间的价值就像金钱的价值一样：完全体现在如何使用上。舍不得花费时间去获取更多的幸福，去使更多的人幸福的人，就是虚度年华。如果你希望出类拔萃，那么，你必须重视时间的价值。善于运用时间的人，对自己一生中的每一天、每一月、每一年的工作和学习，都有一个整体安排。

充分利用时间，按照自己的生活目标行事

英国大哲学家培根说：“时间是衡量事业的标准。”我们在赞叹成功者成就大小时，实际上是使用了时间这个尺度。伟人们有限的一生中，做出了超越常人的贡献，这就是他们伟大之所在。

我们赞叹莎士比亚的伟大，常常想到他一生创作和翻译了 600 多万字著作；我们赞叹爱迪生伟大，也常离不开他一生有 1000 多项科学发明。

人才在时间中成长，在时间中前进，在时间中改造客观世界，在时间中谱写自己的历史。人才对各门科学的学习和研究，必须在一定的时间内进行。人才创造的各种成果，必须经过时间来鉴定。时间，唯有时间，才能使智力、想象力及知识转化为成果。人的才能想要得到充分的发挥，尽快踏上成功之路，就必须养成充分利用时间的习惯。若没有充分利用时间的能力，不能认识自己的时间，计划自己的时间，管理自己的时间，那只会失败。

时间，是成功者的资本。时间，是成功者前进的阶梯。任何人想要成就一番事业，都不可能一蹴而就，必须踩着时间的阶梯一级一级地登攀。

20 世纪美国著名生理学家瓦特·坎农在《科学研究的艺术》一书中指出：“一个研究人员可以居陋巷、吃粗饭、穿破衣，可以得不到社会的承认，但是只要他有时间，他就可以坚持致力于科学研究。一旦剥夺了他的自由时间，他就完全毁了，再也不能为知识做贡献了。”可见，获得时间资本对于成功者是多么重要，一旦损失又是多么令人惋惜。

时间，是成功者胜利的筹码。射箭需要练一段时间才能准，画画儿需要多画一段时间才能精。成功要有个定向积累的过程。世界上从来没有不要花费时间便唾手可得的成功，也没有一蹴而就的事业。

人的一生如此短促、如此渺小，一些小小的成功，固然只需付出很小的力量及很短的时间；但想要获致长久成功，一定要投入很大的心力及很长的时间。

因此，一定要养成节约时间的习惯，学会有效地利用时间、珍惜时间。有效地利用时间、珍惜时间只有一个方法，那就是在你的生活中确立一个目标，一个符合道德标准的目标，并且尽心尽力地去实现这一目标。

一个人没有奋斗目标就是在浪费时间。毫无目的、漫不经心地看手中的书是多么浪费时间！毫无目的地从一个店铺逛到另一个店铺，从一条街转到另一条街是多么的徒劳无益！确定目标能节省大量时间，能使人在生活中走上正道，每当你遇到一些事务，你都知道怎样从中选择有益于自己的目标的事，避免与自己的目标不相符的事。人们发现，工作最多的人往往时间最富裕。这是因为他们有明确的目标，他们为了实现这个目标而正确地安排了他们的工作，而不是在犹豫不决中浪费他们的时间，更不会成为“客观条件”的玩物，任其摆布；他们总是自己创造条件，并按照自己的生活目标行事。

一个虽然在生活中确立了目标，但却不忠实于这一目标、不努力去实现它、不去做与目标相符的事的人，其实也是在浪费时间。一位著名作家指出，没有目标和不忠实于目标都是窃取时间的小偷、浪费时间的罪犯。

珍惜时间并不意味着不停地工作，或干脆放弃休息，而是指很好地利用休息和空余的时间，以使我们能更好地工作。如果我们把空余时间花费在无所事事上，那么它既不会有利于我们，也不会给我们的工作带来益处。

如果我们把一些时间花在有益的游戏、体力活动或体育运动上，那它就会给我们的工作带来益处，就会使我们获得力量，去实现我们的目标。

时间的价值就像金钱的价值一样，完全体现在如何使用上。只肯花一点点钱以维持生命的守财奴，其实等于是个穷光蛋，他的万贯家财也就形同乌有。同样，舍不得花费时间去获取更多的幸福、去使更多的人幸福的人，也是虚度年华。

拉紧生命的纤绳，避免虚度年华

你看过船夫拉纤的情景吗？那真是生活中最惊心动魄的一幕！波涛滚滚而下，木船逆流而上，纤夫紧紧地拽引着纤绳，喊着号子，踏着砂石，拼力向前迈进。没有彷徨，没有懈怠，更没有停留和后退。因为只要稍微放松手中的纤绳，就要一泻千里，后果不堪设想。

每个人都是生活江河中的一只小船，而纤夫是谁呢？是我们自己。

人生有几十年的航程，需要一步一个脚印地走下去。多少年轻人哀叹自己时运不济、命途多舛？殊不知，命运并不是单单不喜欢他们，而是他们在前一段航程里没有拉紧纤绳，让自己在生活中随波逐流。正如歌德所言："谁过玩世的日子，就不能成事；谁不听命于自己，就永远是奴隶。"多少白发苍苍的老人，回首往事，因虚度年华而悔恨，因放松自己而羞愧？

青春意味着时间的富翁，健壮的体魄，敏捷的情思，无忧的心绪。最富有的东西，是最容易轻视、糟蹋的东西；最缺少的东西，也是最渴望得到、最珍惜的东西。长处往往导致弱点：富有时间——来日方长，浪费点儿没啥；情思敏捷——一学就会，不求甚解；体魄健壮——啥都能干，何须忙于去做；心绪无忧——把生活视为一桶香甜的蜜，至于生活中的艰难，连想也没有想过。千万不能仅仅这样来理解青春，更不能进行这样的生活推理！青春的本色，青春的风采，应该是奋发向上的精神，庄重严肃的态度，坚定不移的行动，永不懈怠的步伐。即像纤夫闯急流那样，紧紧地抓住纤绳！具体可从以下几个方面来努力：

（1）正确认识自己

人们对自己的认识往往停留在感性阶段，对于自己的思想、情操、能力的估计，常常不是过高就是过低。年轻人对自己的认识过高的居多，喜欢用自己之长比别人之短，夸大自己之长，掩盖自己之短，容易沾染盲目骄傲自满的情绪。可见，要避免骄傲情绪，首先要正确认识自己。

（2）严格要求自己

抓紧纤绳才能不让小船放任自流。随波逐流固然轻松愉快，但长此以往就要被生活的波涛吞没。有的人也知道放纵自己不好，但他想：“先自由一段时间，待以后再说也不迟。”然而，当你已经习惯了随波逐流并已经倒退了一段路程后，要赶上船队，谈何容易！

（3）战胜自己的弱点

一个强有力的人，正是一个能战胜自己的人。要纠正偏见，改变习惯，克服弱点，主宰感情，驾驭性格……总之，就是不要让自己的弱点牵着鼻子走，而是要战胜自己的弱点。

（4）培养抓紧时间的自觉性

首先，要有一种紧迫感。光阴似箭，要赶快去做。其次，要有具体的生活目标。托尔斯泰有一条生活准则：“要有生活目标：一辈子的目标，一段时期的目标，一个阶段的目标，一天的目标，一个小时的目标，一分钟的目标，还得为大目标牺牲小目标。”最后，要善于自我反省，要知错就改，及时起步，埋怨、叹息、绝望、后悔、急躁都没有用处。

精心计划安排，科学管理时间

“我做的每一件事都经过精心计划，否则我不可能完成任何事。”这是在美国密歇根州拥有将近20家家具店的坎贝尔家具公司CEO坎贝尔所说的话。它的整体规模、设备和销售量已使它跻身美国最大家具公司之林。坎贝尔雇用上百名员工，他们也和他一样致力于追求客户的满意，满足人们对于家具的需求。

坎贝尔成功地运用了许多重要的技巧和方法而攀上顶峰。其中很重要的一门技巧就是，充分利用时间。坎贝尔经常说到“精心计划每件事”，在他的观念里，“计划”就包括将他的活动排定优先次序、懂得分层负责；同时最重要的是，以一种最有效率的态度聪明地管理时间。

事实上，坎贝尔把时间视为最重要的日用品之一。他发现了一个事实，那就是有如此多的人不珍视它。用今天的话来说，就是时间是不可回收的。光是注意现在几点几分，是不会有任何经济效用的。在现今社会里，很少有人把时间视为一项投资——而你对于每种投资，都会要求满意的报酬。

“是时候了”这句话对坎贝尔而言，具有实质的意义。当他刚满12岁的时候，他父亲拉着他的手说：“过来，孩子，现在是我带你到外头找个工作的时候了。”

坎贝尔是很愿意的，当时家庭经济状况很拮据，而坎贝尔也真的希望出去工作。他想学习如何卖东西。于是，他父亲就带他到附近熟识的杂货店，告诉店主说：“我希望你给坎贝尔一个工作。”

那位店主表现得很犹豫，他说：“你的孩子还小，而店里生意并不忙，我也不打算雇人。”

他父亲说：“他会努力工作的，他可以做任何事，像是扫地、清洁，什么事都行。”接着他又说，“他和孩子想要的是借此学习如何销售东西。”

他终于得到这份工作，而且从那天起，坎贝尔说他这一生就一头扎进销售事业里去了。“我卖过报纸、服饰、家具。我有充沛的动力，而我愿意投注我的时间去获取成功。”而他所贩售的其实就是被善加利用的时间。

他回忆道：“我在一间家具店得到一份工作，负责店内销售的工作，正好可以把我过去在杂货店里学到的销售技巧派上用场。”他和太太组织了家庭，而当生了一个又一个孩子后（他是 10 个孩子的父亲），他更加倍努力，以追求成功。他说：“后来，我成为一家商店的经理，但我非常渴望给家人一个舒适的生活，所以，我知道我必须赚更多的钱。”

当他为未来制订目标时，他父亲很久以前说的那句话：“儿子，是时候了。”或许在潜意识里影响了他。他知道，时间是珍贵的资源，他应该善加利用。事实上，早在他在杂货店工作的那段期间，他很快就明白了时间的重要。“当你在一个零售的环境里工作，你面对你的客户，你必须好好运用每一分钟。你必须跟着客户，满足客户的需求，最后达成交易。你不能浪费一分一秒。”

在坎贝尔攀登顶峰的过程中，他让时间为他工作。他管理时间的原则非常值得我们学习：

（1）肯定时间的价值

时间是上天最珍贵的赏赐，是一颗价值不菲的珍珠。坎贝尔建议：“定期安排会议，同时限定会议时间的长度，务必不浪费每一分钟。同时我凡事都事先预约，而且我要求每个人都应准时。”珍惜时间，才可能很好地利用时间。

（2）控制所分配的时间

要学会以一种精打细算、有效率的方式利用你所拥有的时间。坎贝尔提醒大家："谨记好好掌握每一件事，意思就是好好掌握时间。"

（3）排定优先次序

逐一检查你的工作，列出什么该在本星期之初就去做，什么可以留待稍后再做；列出什么应该一大早就做，什么可以晚点儿再处理。坎贝尔说："排定优先次序，可以帮助你确定你已将最重要的事放在最优先的位置上。"

（4）学习如何慎重授权

如果可能，要让自己专心去做主要负责的事务，把其他工作交给助手去做。坎贝尔说："你想插手的事情愈多，你浪费的时间就愈多。授权是对的，但还要确定你跟我一样，把工作分派给最佳人选。这么做就等于多了好几倍的你。"

（5）凡事不可拖延

没错，拖延是偷时间的贼。所以，今天该做的事，决不要延到明天才做。坎贝尔说："我为自己定下了一个规定，在我下班离开之前，一定把工作做完。"

西方有一句谚语："省下一分钱就等于赚到一分钱。"我们也可以这么说："省下一分钟就等于赚到一分钟。"所以，你省下的每分每秒就是你所赚到的；而你的时间越充裕，获得成功的机会就越大。

为自己的生活制订详细的计划才能充分利用时间

在一个人年轻的时候，往往总觉得自己拥有非常充裕的时间，再怎么浪费也用不完！可是，这个世上是绝没有免费的午餐，等我们将来某一天觉得时间是如此宝贵之时，就悔之晚矣！这种心态与消费财产是一样的，当一个人拥有一笔莫大的财产时，他会不知不觉地大手大脚地耗费。但是，等到有一天，当他发觉这笔财产已被耗费得所剩无几时，想要再珍惜它就已经为时晚矣，怎么可能还有挽救的余地呢？我们对财富的消耗，由于它是一种有形的东西，还能引起我们的警觉。但是，时间却是一种无影无踪的东西，如果我们不时时提醒自己，它消逝得会更快，而且根本不会引起我们的警觉。实际上，在日常生活中，这样的情形非常之多。

很多人常在不知不觉间就将时间全部浪费掉了。很多人常会坐在椅子上，伸着懒腰，心里则在想着："该开始做什么好呢？时间这么少，做什么都不够……"可是，当他真的有大块儿的时间空下来时，这个人却还是什么也无法开始做，结果却让时间白白地耗费掉了。这样的人的一生将一事无成，他无论是求学还是工作，都不会有什么大的成就。

为了充分地利用时间，就要为自己的生活制订详细的计划，最好每周和每日都制订出具体的计划。

就体育比赛而言，比赛计划包括球队为达到在赛季保持百战不败的目的而运用的策略。一些策略可以在一项比赛或一个赛季当中自始至终地运用，而另外一些策略则只能运用一天。根据自己球队的场上表现，以及对方球队采取的措施，原定的策略可做适当调整。至于另外一些策略，无论发生什么情况，却永远是以不变应万变。

周计划就是你的终生个人比赛计划。它有助于你把长期目标转变成更加容易操作的短期目标。周计划包括书面的每周计划和每日计划列单。这些计划合在一起，使你更好地利用时间，以便完成你的长期目标和终生目标。

周计划有助于你跟踪固定的任务，并随时纳入新的任务。周计划还有助于你认清最为重要的任务，并把它写在你的每日计划列单上。通过列举固定的必须完成的任务，你便可以制订出一个每周计划。固定的必须完成的任务，包括上班、吃饭、睡眠、工作、家务、往返旅途时间，等等。对于这些活动，你必须安排出合理的时间。比如，随着每日出行时间不同、路上交通流量不同、所走路线不同，每天往返旅途中所用的时间也会有所不同。在交通高峰期从家里到单位所花费的时间，与在下午从单位回家所花费的时间，肯定大有不同。一些工作，如果能够合并，就尽量合并，这样才能找出更多的大块儿时间。一定要在最后期限到来之前完成所有的任务，这有助于你应对因意外事故而造成的延期和耽搁。

在做一日计划之时，一定要搞清楚什么是绝对必须完成的。为达到这一目的，在制订好自己的周计划之后，你可以做个每日计划列单。这个列单包括从周计划当中转移过来的当天任务，包括前一天未完成的任务，还包括其他你觉得应该完成的一些任务。

每日计划因人而异。有些人在制订时间表和做计划时，具体限定了一天的时间段；而另外一些人虽然也做计划，但他们只是依次完成任务。无论采用何种方法，或者把两种方法结合起来，都是可以的——但你必须把计划列单放在首位，在未完成列单上的任务之前，不要做任何其他的事情。只有这样，才能保证你完成应该首先完成的任务，而不是首先完成有趣的或简单易行的工作。为了提高拟订计划的效率，其中的一个办法就是写个条子粘在墙上，以便随时提醒自己。

一天下来，十有八九你不会完成每日计划列单上的所有任务。不过，这没关系。只要你按照任务的重要性顺序来做，你便完成了一天当中最为重要的任务。在结束当天的工作之时，你需要重新审视一下当天的计划列单，并做出第二天的计划列单。这样一来，当第二天你一觉醒来，你便可以立即投入有计划的生活当中。

最后，应该记住，你制订个人计划的目的，是为了帮助你更好地管理自己的生活，而不是限定或控制你的生活。你没有必要对每天的每一分钟都做出计划，虽然你的意图是为了更加有效地利用时间。事实上，制订计划时应采取理智的态度。突发事件和应急事件时有发生，因此，在计划和安排上应该有一定的灵活性，以便随时做出调整。

学会制订切实可行的时间计划

美国著名管理顾问斯蒂芬·柯维指出："我们都不愿浪费时间，但却很少计较花掉的时光。换句话说，当事业蒸蒸日上，我们对时间的利用，却没有相对提高。"要改善这种情况，必须拟订时间计划。那么，我们应该如何学习制订时间计划呢？如下建议可供参考：

（1）充分认识时间计划的好处

拟订时间计划之所以重要，有几点原因：

一是时间计划可以防患未然。人都有某一程度的预感，但总是事到临头了，才感到事态严重。因为我们不能洞察时机，忽略潜藏的危机，以致一蹶不振。你会有不知要做什么的时候吗？其实，有好多预备工作等着你做呢！而你应该把它们列入时间计划。

二是时间计划可以驱除拖拉毛病。做事时心不在焉，常是拖拉毛病的原因之一。不管在哪一行，你都可以工作得得过且过。这会对工作不利，而损失最大的其实是你自己。浪费时间的人永远不会赢。

每天一早你妆扮整齐，准备开始一天有效率地工作；你习惯性地批文件、打电话、开会，似乎很有效率的样子，但你真的赚到钱了吗？如果你是属于业务方面的工作，只有在别人对你的报价点头时，你才真正在赚钱，其他一切难活儿，都只是准备工作而已。

这也就是说，在这一行，坐办公室不算工作，你的工作是出去和新客户接触。接触的人愈多，收入也愈高。

三是时间计划可以改善家居生活。和家人相处有两种情况：温馨或冷漠。为自己订立太多目标，将使你和家人相处的时间减少。你要和家人相处在温馨的气氛中，或只是冷漠地住在一个屋檐下？

先给温馨和冷漠下个明确定义。前者是你经过计划，留出一段与家人一块儿讨论分享彼此喜怒哀乐的时间；后者是你满面倦容地和家人在一起。

和家人多接近些：这也许只是和家人在一起做做运动或散步、游泳之类的活动。每天借助着体能活动，可以消除心理上的压力。

也许会有人对你急于和家人相处不以为然。许多丈夫每天准时回家，周末甚至更早。他们的太太有时反而希望他们有点儿别的事做做，但这些标准丈夫并非没有目标，他们的目标就是：能每天早早下班回家小酌、看看足球赛就令他们满足快乐了。这些也就是他们应做的，重点在于：只要自己高兴就行了，不要因为和别人的目标不一样而耿耿于怀。

四是时间计划是一种自我训练。计划时间使生活有板有眼。如果不努力工作，我们都会消磨时间。下面几项事最容易消磨时间：

看电视——电视真是个奇妙的发明。但它和巧克力、威士忌一样必须有所节制。许多人花在电视机前的时间，比做其他任何活动都长，如果有了计划，或许能改变这种状况。

重复——算算看一件事做两次会花多少时间。第一次没完全做好，要花更多的时间讨论、修改，再做一次，这实在浪费时间。投下双倍的时间资源只完成一件事实在不划算。

不分轻重缓急——做事没有轻重缓急之分，过一天混一天，没有计划的日子是一种时间上的浪费。

拖延——有人从来不订计划，因为他们知道自己绝不会照表进行。他们对自己该做的事毫无兴趣，每当想起该做而未做的事，就更加厌烦。不写下计划是不愿面对现实，逃避该做的事，但到头来依然自食其果。与其拖延，不如好好地计划并实行它。

消极、负面的想法——所有抱怨、憎恨的言语都是负面的因素；害怕、愤怒、嫉妒于你有害无益。

（2）写下第二天最重要的6件事

拟订时间计划最简便的方法，就是每晚写上6件第二天最重要的要做的事情。

抓起手边的任何白纸，告诉自己："我要开始了，明天最重要的事是：第一……；第二……"这种方法立竿见影，而且让你花一些心思集中在第二天，因为你经常太忙，以致无法为第二天做计划。

摘记下所有可以想到的事，开始问自己："昨天该做而没做的是什么？"然后再问："哪些事今天应做而未做？"继续问："明天该做的最重要的事是什么？"这张表可能长得不可思议，但不必为此烦恼。先把想到的写下来，然后再逐一修改删减，修改到剩下6件事为止。使用这套方法一段时间之后，你会豁然明白：原来自己在工作时，就在寻找这6件事，晚上你很快就能想出明天的工作和需要有哪些。

（3）为工作排列先后顺序

排列时从最难的开始，排到最简单的事，如果你如此循序进行，就会达到最高办事效率排好后，不要再想明天的事，一切等到明天再说。你会发现自己能更清楚地构想出明天如何有效率地一一完成工作，而不是面对6件难事。现在把这6件事照顺序解决。从第一项开始。尽量避免干扰，若无法避免，要赶快解决，然后回到第一件事，迅速完成，做完以后就从表上划掉，继续做第二项，以此类推。如此进行三星期之后，你会发现比以前没头没绪的做法，多出许多时间。也许一天你只划掉两件事，甚至一件事而已，但你已把当天最重要的事完成了。有很多人从来没有完成最重要的事。倘若你每天紧扣在这6件事上，绝不会出差错。一个月你做完30件最重要的事，你还会失败吗？如果一天能完成6件事，那么一个月共180

件，一年就有 2190 件，你整个人生将为之改观。

（4）每晚都列出计划

每晚列一张新表，今天没完成的事放在明天的第一项。你睡前的目标是选出第二天要做的 6 件事。

只要把这些事决定好、写下来，就是很好的准备了。你的心会在睡眠时帮你工作。你可有过这种经验？在重要会议的前一晚，你会想着明天开会时，我要“让他们看……，告诉他们……，也许他们会问……，我要回答……”。此刻，这些答案可能会浮现脑海，但并不如你想要的那么令人信服。然而，第二天早上，当你面对客户时，强而有力的说词竟脱口而出，让你自己都吓一跳，你有过这种经验吗？你也不知道怎么会有这样反应。它来自你的潜意识，来自心智对外来刺激的一种反应；当前一晚躺在床上做心理准备时，正是在刺激你的心志。但是在床上也许并不是做心理准备最好的时机，有些人可能喜欢在寂静的小房间里思考。你不妨实验，看看哪种方式最适合自己。

更好地运筹时间，让一天多出几个小时

成功人士往往都非常重视时间的价值。爱迪生曾感叹：“生命是如此短促，我有许多事要做，必须争分夺秒啊！”

这里的“争”与“夺”用得妙极了。常有人抱怨说，难道一天24小时里面，不能再多几分钟或几小时吗？对于时间专家来说，回答是肯定的，这主要取决于人们运筹时间的方法和控制时间的艺术。其实，让一天“多出几个小时”的方法很多，达到这个目标，则无异于创造时间。下面是几种值得尝试的、简便实用的方法：

（1）每天早起30分钟

不少人有醒着睡懒觉的坏习惯。于是，为了上班，常有些人来不及吃早点，或拿着早点边吃边赶车、乘车，或上班后还在办公室吃早点，这种情况既影响健康，又挤占了工作时间，影响了工作效率。为了更加合理地利用宝贵的时间，不妨每天早起30分钟。对于一般的人来说，这并不太难做到。

（2）培养速读的能力

对于现代人来说，能有时间尽量多阅读一些书报和杂志，无疑是一件美好而必要的事情。其实，只要具备某些快速阅读的技巧，便可大幅度地节省时间。学会快速地阅读一本书，而且理解的效果等同于，或者超过精读。这是在现代分秒必争的竞争社会中，欲把握时间不可或缺的技能。

（3）培养记录的习惯

搜集创意、数字，以及各类有用的信息，加以整理后记录下来，可使自己的生活更加充实，知识更加广博，用很少的时间学到许多实用的、有价值的东西。

如此看来，创造时间的办法之一，是应该在会议及重要会谈时，带着笔记本，趁着记忆还很鲜明清晰的时候，把要点赶紧记下来，这样不但能够节省时间，还可以避免错误。

（4）果断地采取行动

无论创建伟业还是做平凡小事，优柔寡断的结果就是失败。明明一刻钟就可以解决的问题，拖下去就不是一刻钟能解决得了的。干事业的人，要时刻提醒自己：把充裕的时间留给特别困难且有意义的问题，不可把大量宝贵的时间耗费在与事业关系不大的一些问题上。

（5）尽量避免杂谈

谈话是人际交往的重要形式。有人估计，人们每天除了 8 小时的睡眠以外，其余的 16 小时中，约有 70%的时间都在进行相互交往并沟通信息。谈话所进行的直接交往，不仅可以交流社会上的各种消息和情报，而且交流思想、情感、观点。交谈中往往包含许多生动的细节，如谈话的气氛，谈话人的表情和手势等，对于我们了解某些情况是很有帮助的。同时，成功的谈话，还有联络感情、增进了解和友谊、消除疲劳和紧张、使心情愉快的作用。所以，对于成就事业来说，适度的交际应酬是不可或缺的。但是也应该有限度，假如交谈的尽是些无益于事业与身心的话题，那么，就应该理智地终止。

（6）要留意自己的工作

珍惜时间并不是让人们变成只是忙于各种具体事务，而没有时间对它们的真正价值进行客观估价的低效率的工作狂。创造时间的方法之一，就是要人们懂得在行动中更多地进行思考，而不是排除思考尤其是对自己所做的工作厌倦时，容易被其他无关紧要的事吸引。比如，有的人从事写作，写作中要查阅某种资料，尽管他的案头资料很齐全，但他有可能在翻阅资料的过程中，自觉或不自觉地把注意力转移到某个与目标无关的问题上，分散了精力。这或许不是好现象。作为自己工作和行动的主宰，要留意自己的工作，专心致志提高效率。

养成良好习惯，避免浪费时间

显然，我们每个人的时间都是有限的，而且再也不会增加了。然而，我们却可以掌握对时间的需求，并更有效地利用我们能够自由支配的时间。

谁掌管着我们能自由支配的时间？通常来说，你的时间是根本不自由的。因为你把自己紧紧束缚在别人的议事日程上，盲目地追随着繁杂的事务，不管它对你是不是有益处。

为了避免这种现象，你必须管理好你的生活——也就是管理好你的时间。你要向那些浪费时间的坏习惯挑战。下面是有关专家提出的一些改变浪费时间的不良习惯、合理利用时间的建议：

（1）不需要的东西就不要去购买

我们中的很多人买东西都买上了瘾。有时候刚刚买完一批东西，又拎起兜子奔向商店去抢购。应该问问自己：这样买下去什么时候才是个头？而且买来的东西还要整理、保养、送人等等，结果，不仅花了钱还搭了很多时间。

当然，过日子总免不了要买东西，但是把你购物所得到的快乐和你所付出的代价相比较，是不是有点儿得不偿失呢？要知道，并不是我们所拥有的东西就能使我们快乐，而只有我们喜欢的东西才能给我们带来欢乐。

（2）必须解决的问题就尽早解决

悬而未决的问题缠身往往会影响你的工作，使你在能自由支配的宝贵时间里变得心不在焉。关键不在于你是否有问题要解决，而在于它们是不是你一个月或一年前就已经有的老问题。如果是长期以来一直没解决的问题，那么它们消耗了你多少时间和精力啊？你至少应该解决一些这类老大难的问题，使自己舒舒服服地生活下去。

当你拿不定主意时，其实完全可以缩小你的选择面，迅速做出决定。果断干脆至少可以在生活的某一方面使你受益匪浅。

（3）必要时果断打断别人的话头

过分地谦恭有礼也会消耗你的时间。你一定经历过这样的时刻：谈话的对方明知道你马上就要去赴约，而且就要迟到了，还是没完没了，一刻不停地讲着。你应该客气地打断对方的话头：“对不起，我实在不得不告辞了。”这虽然使对方扫兴，但比起你强迫自己心烦意乱、如坐针毡地继续听下去要好得多。

（4）有选择地看电视

一项调查表明：在美国，普遍家庭平均每天看电视的时间在 7 小时以上。虽然看电视是一种人们开心解闷的消遣，但是太耗费我们的时间了。为了避免那些毫无意义的节目，最好的办法是事先看看节目报，挑选那些你感兴趣的节目，而把省下来的时间更有效地加以利用。

（5）精心地制订你的计划

攻读一个学位要多长时间？完成一项工作要多少时间？你能照料多大面积的菜园？你有多少个晚上能用来参加社会活动？你还想做更多的事吗？精心地制订你的计划，是减轻负担、节省时间的关键。

（6）把东西安放得井井有条

不论你住的是阔气的 10 个房间的别墅，还是简陋的单间公寓，都可能在找东西上都浪费了很多时间。“物有其位”确实是一个流传至今的有益的格言。

杂乱无章就意味着浪费时间。我们应该把东西安放得井井有条，把生活安排得井然有序。

（7）养成利用等待时间的习惯

生活中有许多时间都消磨在等待中了。等待的确是白白浪费时间，但我们也可以把它看作是一种超脱了日常的繁忙而得到的一份额外的时间馈赠。要养成利用等待时间的习惯。当你在医院候诊室等着看病时，就可以利用这一小时的时间给朋友们发手机短信，或带一本书看；你也可以带着一个笔记本做做工作计划。这样，当别人无聊地一遍遍翻着旧杂志的时候，你的一分详尽的工作计划或总结报告就可能已经完成了。

掌握高效工作的方法，提高效率

你是不是每天都很忙，却总是事倍功半？是不是感觉付出很多，得到的却只是老板的责骂？是不是没有一刻空闲，到总结时却说不出有多少成果？如果这些回答是肯定的，那么，很可能是因为你没有掌握高效工作的正确方法，在无意中浪费了时间。所谓高效工作，就是完成工作任务的效能高，而且工作者自己也能乐于此，并从中得到成就感和幸福感。

经过多年研究，美国效率专家米切尔·柯达总结了高效工作的六个基本原则：

（1）培养动力

动力是一种积极主动的力量，是一种去做，并且正确地去做事情的愿望，是怀着一个特定的目标，从一点向另一点移动，向着新的阵地前进的愿望，是去成就既定工作的愿望。有些人从小就有这种动力，他们一心一意地去做他们所做的每一件事，因此容易获得成功。另一些人只是在他们愿意或不得不去做的时候才相当地努力，而这不过是一条艰难的上坡路。

发挥动力的最佳方法之一是这样的：把你一天的时间分割成尽量小的若干部分，把每一部分都当作是独立的有价值的部分。一旦你把工作拆成许多部分，你就能按部就班把它完成。这样会使你不断享受完成任务的清新之感。

（2）控制惰性

我们之中极多的人之所以失败，是因为他们对于面前棘手的工作拖着不办。他们不过是被惰性所抑制了，而如果令这种惰性发展下去，它会产生一种永久的惯性。克服的办法是利用它，让消极的力量转化为积极的强动力。

假设你有一项较大的工作，它需要花费几个小时去完成。你对自己说：等把它干完了的时候，就又可以清闲了，现在阻碍我去享清福的就是这项工作。然后，就像它是你的敌人一样，向它进攻，把它打跑，你便为自己赢得了休息的时间。

一旦你获得了开动自己、有效地利用自己的旺盛精力的能力时，你便能够在一段较长的时间里使用它了。关键在于一开始就使用它，等运用自如时，你会马上发现这是用之不竭的力量源泉。

必须注意的是，在着手某件事情后，就去完成它。精力在成功之中更新，而在事情的拖延之中衰败。如果在早晨开始之时就犹豫不决或者失败，那么一整天似乎都会继续这种状态，不断地经受着活力的退潮。

（3）顺真自然

许多人是把自己锁在与自己的自然习惯和行为方式的精神斗争中来度日的。再没有比这更具有破坏力了。假如你不是一个早起的人，就不要把重要的工作在一天开始时压给自己。而如果你喜欢早睡早起，那就首先去做最困难的工作。

倘使你想丰富自己的日常工作，那要设计一个切实可行而且行之有效的计划。但它必须是灵活可变的，以便使你不时地改变工作速度。当然，你将不得不一次又一次地妥协，但要记住，与自己的意愿做斗争所消耗的精力越多，用于你工作中的则越少。

（4）抵制厌倦

厌倦对一个人元气的损伤是无可比拟的。假如你陷入了使你活力减退的烦躁之中，不妨按下列方法进行一下尝试：

和自己打赌，在一天结束之前，你能完成你必须完成的工作，当完成时给自己以奖励。

每一天都给自己确立一个主要目标。无论放弃其他什么事情，都要达到这个目标。

在一星期中确定一天为“追赶”日，这样在其他天里可避开大部分琐碎和恼人的事。

做每件工作都给自己一个时间限度。大多数人由于面前的截止日期而能最佳地集中精力。

不要把一天当作时间进程的延续，那样没完成的工作便可推迟到下一天。有成就的人在计划他们的生命时，是着眼于每一天的成就，让每一天都有特定的收获。这种紧迫感自然会导致全神贯注工作的无穷力量。因此要学会把每一天视为一个重要的独立的时间单位，并且用今天你所完成的工作来评价你的表现——不是用昨天，也不是明天。

（5）推动记忆

如果你想成功，可不能健忘。然而，去记忆那些很容易写下来的东西是在浪费记忆能力，因而要养成写便条的习惯。许多有成就的人都是习惯于把重要的事情记在纸上。

帮助记忆的另一个方法是去注意你要记忆的东西。如果说有成就的人具有非凡的记忆力，那是因为他们完全地投身于他们所做的事情之中去了。对他们说来，记忆那些与他们的根本兴趣有关的事实、数字和名字全然不成问题。但由于没必要去记所有的事情，你首先必须找到哪些对你是重要的，进而行使你的优先权。

(6) 善于幻想

我们都知道，停留在过去是错误的。然而，事实上，有成就的人往往是那些能检视自己的过错并从中吸取教训的人。出现问题时，要正视其后果，千方百计地去纠正它，然后思考它是怎样发生的——在未来的日子里怎样去避免它。

许多有成就的人还承认，他们常常幻想，这些幻想刺激他们向着既定的目标前进。因此要给自己幻想的时间。培养幻想的习惯，喜欢它们，把它们与你的目标联系起来，使之富有建设意义。你想要做的事情越多，你能够做的也就越多。

把工作任务清楚地写出来，加强条理化

工作的有序性，体现在对时间的支配上，首先要有明确的目的性。很多时间管理权威都指出，如果能把自己的工作内容清楚地写出来的话，便是很好地进行了自我管理，就会使工作条理化，因而使个人的能力得到很大的提高。

只有明确自己的工作是什么，才能认识自己工作的全貌，从全局着眼观察整个工作，防止每天陷于杂乱的事务中。

只有明确办事的目的，才能正确掂量个别工作之间的不同比重，弄清工作的主要目标在哪里，防止眉毛胡子一把抓，既虚耗了时间，又办不好事情。

只有明确自己的责任与权限范围，才能摆脱自己的工作和下级的工作、同事的工作及上级的工作中的互相扯皮和打乱仗的现象。

填写自己应干工作的清单，是使自己工作明确化的最简单的方法之一。其方法是在一张纸上首先试着毫不遗漏地写出你正在做的工作。凡是自己必须干的工作，且不管它的重要性和顺序怎样，一项也不落地逐项排列起来，然后按这些工作的重要程度重新列表。重新列表时，要问自己“如果我只能干此表当中的一项工作，首先应该干哪一件呢?”然后再问自己“接着，我该干什么呢?”用这种方式一直问到最后就行了。这样，自然就按着重要性的顺序列出了自己的工作一览表。其后，对你所要做的每一项工作，写上该怎样做，并根据以往的经验，在每项工作上注上你认为是最合理、最有效的办法。

为了使工作条理化，不仅要明确你的工作是什么，还要明确每年、每季、每月、每周、每日的工作及工作进度，并通过有条理的连续工作，来保证按正常速度执行任务。在这里，为日常工作和下一步进行的项目编出目录，不但是一种不可估量的时间节约措施，也是提醒人们记住某些事情的手段。特别是制订一个好的工作日程表就更加重要了。

计划与工作日程表不同，计划是指对工作的长期打算，而日程表是指怎样处理现在的问题。比如，今天的工作、明天的工作，也就是所谓的逐日计划。有许多人抱怨工作太多、太杂、太乱，实际上是由于许多人不善于制订日程表。他们不善于安排好日常的工作，连最没意义的事也抓住不放，人为地制造忙乱，不但谈不上工作条理化，连自己也被压得喘不过气来。著名作家雨果说过："有些人每天早上预定好一天的工作，然后照此实行。他们是有效地利用时间的人。而那些平时毫无计划，靠遇事现打主意过日子的人，只有'混乱'二字。"制订工作日程会因工作性质、本人身体状况和气质的不同而不同，应遵守以下原则：

一是以重要工作或活动为中心，制订一天工作日程。有些工作是关键的或者说是带战略意义的重要活动，应以这样的重要的事为中心。

二是以当天必须首先要做的那件工作为中心，制订一天工作日程。不可能有这种奇迹——刚开始干，一下子就做完了全部工作。所以，要挑出那些在一天内必须做完、一旦受干扰中断就不太好办的工作。

三是把有联系的工作归纳在一起做。种种琐事归纳到一起，会使工作有节奏和气势。例如，有些信件可以汇总起来一次写完；尽量地安排好时间，尽可能地集中时间依次会见来访者；必须阅读的材料，集中到一起很快地过一下目，等等。

四是使工作日程与自己的身体状况、能量的曲线相适应。能量曲线因人而异，一般来说人上午精力充沛，因此，要利用这段时间去从事那些最有挑战性、最富于创造性的工作。而在你精神、体力和工作效率都在减退时，换做一些其他工作，或者做一些事先已经安排好了的工作，或者休息一下。

由于人们每天需要干的事情很多，事情又有轻重急缓、大小之别，难免有时顾此失彼，本来想干这件事，不知不觉中却干起了别的事情。所以在有了工作日程表以后，最好随身携带笔记本和备忘录用纸，这样你不但明确了当天的工作，也明确了此时此刻应该做什么工作。

除随身携带笔记本外，使用卡片也是一个好办法。可以把卡片放在衣袋里、办公桌上、家里的写字台、饭桌上、电话机旁、床边和厕所等必不可少的地方，时时提醒自己。

在工作中，有时突然头脑中冒出一个新颖的想法，或者想起了什么必须干的事，如果这些想法与目前正在做的事有关联，那可以照着去做。如果它并不是要立即去做，今后做会更合适，那就把它记在备忘录上；对那些有意义的设想，可以利用星期天、节假日仔细研究，并加以归纳整理，这样，本来不太明确的事也明确了，你的工作和应办的事就更有条理了。

进行合理的组织工作，避免不必要的重复

工作目的、工作任务明确后，能不能很好地实现，就在于进行合理的组织工作。西方一位管理者深有体会地说：“总经理的最大困难之一是组织自己的时间。”

组织工作首先要做好选择、区分的工作，剔除那些完全没有什么价值或者只有很小意义的工作，接着再排除那些虽然有价值但由别人干更合适的工作，最后再剔除那些你认为以后再干也不要紧的工作。

对于那些必须目前就干的工作，也要很好地进行组织。组织工作的方法有如下几条，既可以单独使用其中的一条，也可以互相配合作用。

（1）同一时间内综合进行多项工作

我们说办事要有顺序，并不是说同一时间内只能办一件事，而是运用系统论、运筹学等原理，可以同时综合进行几项工作。在管理学中，把工作单方向一件一件依次进行的办法，叫作垂直型工作。就像站着一大排人，一个一个地传递砖头，这样做效率比较低。反之，如果把各项工作综合起来统一安排，效率就会大大提高。

（2）把若干步骤结合起来

例如，有两项或几项工作，它们既互不相同，又有类似之处，互有联系，实际上又是服务于同一目的的，因而可以把这两项或几项工作结合为

一，利用其相同或相关的特点，一起研究解决。这样自然就能够省去重复劳动的时间。

（3）重新排列

也就是改变步骤的顺序，即要考虑做工作时采取什么样的顺序最合理，要善于打破自然的时间顺序，采取电影导演的“分切”、“组合”式手法，重新进行排列。例如，一天工作下来很疲乏，晚上又要上夜校，那么就应该把休息时间提前，从床上移到其他地方，如在公共汽车上趁机闭目养神，可保证晚上精力充沛。假如你是一个业余作者，白天不容你静下来构思作品，晚上又难以入睡，不妨在此时让思绪遨游一番。

（4）改变工作方法

改变工作的方法大体有两种，一种是“分析改善方式”，即对现行的手段、方法认真仔细地加以分析，从中找出存在的问题，即找出那些不合理和无效的部分，加以改进，使之与实现目标要求相适应。一种是“独创改善方式”，即不受现行的手段、方法的局限，在明确目的的基础上，提出实现目的的各种设想，从中选择最佳的手段和方法。

（5）穿插进行不同性质的工作

尽可能把不同性质的工作内容互相穿插，避免打疲劳战，如写报告需要几个小时，中间可以找人谈谈别的事情，让大脑休息一下。又如上午在办公室开会，下午到其他公司去洽谈业务，等等。

（6）用简便的方式代替

如能打电话的就不写信，需要写信的改为写便条，需要每周出访的改为隔周一次，在不出访的那一周里，可用电话来代替出访。

（7）进行标准化处理以减少重复

即用相同的方法来安排那些必须时常进行的工作。比如，记录时使用通用的记号，这样一来就简单了。对于经常性的询问，事先可准备好标准答复。

制订计划一定要适度灵活符合实际

制订计划是为了提高办事效率，但必须以符合实际情况为前提。一旦在脑海里形成什么计划的话，这个计划一定是灵活的，可变通的，以便应对实际情况中所遇到的意想不到的变化。一个真正行之有效的计划，需要坚强的毅力与耐心才能完成。然而，很多人在形成自己的计划之前考虑不周的地方往往太多，以至于有意外发生时，他们的行事方案往往受到影响，事情的延误给他们造成巨大的心理压力，他们常常因此而苦恼不已。

一位作家曾谈到过他对变通计划的一些看法。他说，自己通常喜欢在凌晨创作他的大部分作品。他一般会先拟订一个计划，赶在家里其他人还没起床之前，就完成其中的一两条。但是，如果他 4 岁的小女儿突然早起到书房来找他，他的计划当然会被打乱。他又是如何应对这种情况的呢?他通常在这种时候会将计划中其他可以做的事提前到这时来做——他也只能这样做。

试想，如果一个人计划在去上班之前要先进行晨练，而他办公室突然打来紧急电话使他不得不改变计划时，他又该如何对待呢? 所以，还是将计划安排得灵活一点儿好。

在日常生活中，这样的例子不计其数——一些事情没有像我们预想的那样发生，致使我们不得不改变计划：你的朋友答应你的事却没有做到；你发现口袋里的钱并没有你原来计划的那么多；有人未经你的允许而打扰了你的午休；突然冒出来的什么事使你赴约的时间没有你预料中那么充裕……诸如此类的事情一旦发生，你正确的反应应该是：首先，坦然地接受事实，而不是一味抱怨甚至恼怒；其次，思考一下，想想哪件事情乃当务之急而其他事务则可延后。

由于计划改变而导致你的某些事情不能如期完成，你可不能以此为借口，认为处理不好是很自然的事，因而原谅自己的过失——这时，你应该想办法弥补。你应该认识到，造成这种过失的真正原因，在于你错误地判断了自己应该“先做什么，后做什么”。

再拿前面的例子来说，是严格地完成写作计划重要，还是陪一陪 4 岁的小女儿重要？不管怎样，你总得二者择其一——不可因“犹豫不决”而白白浪费掉 30 分钟时间而什么也不做。

通常我们考虑的都是：“到底什么更重要？是做当时该做的，还是继续履行计划？或者将计划变通一下？”显然，如果你希望自己在这种情况下能镇定自若的话，那么，你最好在订计划时就别做得过于死板，试着考虑一些你事先预想可能会遇到的情况，并为其留足余地，使计划不至于一遇麻烦就付诸东流。

事先将计划做得有一定变通性，对于很多人来说都是帮助极大的。如果你在预想中允许存在这种变通性，则一旦有什么事突然发生了，你就可以平静地对自己说：“这是预料中的事。”

还有，当你习惯于将计划做得很灵活时，你会发现生活中又有了许多美妙的事情：处理事务时你会觉得很轻松，用不着再多花气力。自然，你也用不着为浪费更多的时间和精力而苦闷不堪。当然，灵活性不应成为你拖拉懒散的借口，如果没有什么大的干扰，你就必须时刻告诫自己：“我一定要在计划规定的时间内完成任务！”这样，制订出来的计划才能发挥积极的效用，在实现自己目标的过程中才会感觉到轻松。

第六章

改变对自己的消极看法，激发积极的未来记忆

一位哲人指出：“要有自信，然后全力以赴——假如具有这种观念，任何事情十之八九都能成功。”自信是一根柱子，能撑起精神的广漠天空；自信是一片阳光，能驱散迷失者眼前的阴影。“心”与“力”是决定成功最重要的两大因素。心有余而力不足不能成功，力有余而心不足也不行。在生活中，要努力成为一个自信和坚强的人，不管发生任何事情，都要赶走自己的悲观和自卑，摆脱自己的负面情绪，要相信自己是最好的。这样，才能更好地去发展自我，实践自己的人生理想。

尝试积极思考，开拓新的生活

不管我们是否了解，我们每个人都有一张心理的蓝图或一幅自己的画像。在我们的知觉里，这幅图像或许模糊不清；事实上，我们也可能不了解它。但是，这幅图像却是存在的，它完整详细地摆在那里。

所谓自我心像，是指对“我是谁”的认识。它由人的基本信条所组成，比如：我的外貌如何、我的能力如何、我的性格是怎么样的，等等，是由我们的自我信念所塑造成的。大部分的自我信念，都是从我们过去的经验、成功、失败、屈辱、胜利以及他人对我们的反应——特别是童年早期的经验所形成的。无数的信条组成了一个内在系统，这个系统就成为一个人行为的“自动导航系统”。

普雷斯考特·莱基是自我心像心理学的一位先驱，他在这方面做了一项最早也是最令人心服的实验。他认为个性是一组观念系统，而各个观念之间会互相牵系，不符合此系统的观念会被排斥，不被取信，也无法引导人的行为；与此系统相符合的观念，则会马上被采纳。此观念系统的中心物，亦即其理论的基石，就是个人的“自我理想”、自我心像，或是自我观念。身为教师，莱基得以有机会在成千的学生中实验他的理论。

莱基的理论认为：一位学生对某学科有困难，可能是因为他觉得这一学科不适合自己。莱基相信，只要能改变这个学生潜伏着的自我观念，他对此科的态度一定会因之转变；只要能诱导这位学生改变他的自我定义，他的学习能力也会改变过来。有位学生在 100 个词内拼错了 55 个字，因而，整个学科的成绩受到了影响，丧失了一学年的学分；但是第二年，他得到平均91分的成绩，成为全校的拼写冠军。另一位男生因成绩太差而被勒令退学，进入哥伦比亚大学后，他的成绩却一直保持90多分。一位女生的拉丁文4次不及格，经过学校心理顾问3次约谈后，却以84分的成绩通过……

这些学生的问题，并不在于他们的迟钝或基本能力的缺乏，而是在于他们自我心像的不适合（“我没有数学头脑”，“我本来就是差劲的拼写者”）。他们认为错误与失败是必然的，不说：“那次考试我没通过。”（叙述的、事实的）；却说：“我是个‘失败者’。”

自我心像是一个前提、一个根据、一个基础，由此而引发个人的整个个性、行为，甚至环境。我们的体验似乎是要证实并加强我们的自我心像。所以，一个谬误的循环或有利的循环，也因之而建立起来。

心理学方面的研究发现，一个人无论年纪大小，都可以改变他的自我心像，并借此开拓新的生活。

一个人的习惯、个性和生活方式之所以难以改变，其理由之一是：他从事改变的努力，几乎都只在自身的圆周上，而没有在圆心上。很多人说：“以前我也尝试过‘积极思考’，可就是无效。”经过进一步的了解，心理学家发现，这些人虽曾运用或试图运用“积极思考”以改变外在的境况，或改变特殊的习惯或个性缺点（“我要得到这份工作”、“此后我要冷静点儿、轻松点儿”、“我的事业将会变得一帆风顺”等等），但是他们从没想到要改变使他们产生上述心愿的自我心像。

为了开始新的生活，你首先要改变自我观念；自我观念一旦改变，与其相关的其他事物，都可以迎刃而解。

充分相信自己才能成为生活中的幸运者

一位作家指出，世界上有三分之二的人营养不良，差别只是程度不同。同样地，世界上信心不足的人也有三分之二，也只是有着程度的不同。营养不良，使人的身体无法正常发育；信心不足，则使人的潜能无法发挥。正如爱因斯坦所说：“自信是向成功迈出的第一步。”在生活中，为了追求成功，一定要相信你自己！对你的能力要有信心！

自信心是比金钱、势力、家世、亲友更有用的条件。它是人生可靠的资本，能使人努力克服困难，排除障碍，去争取胜利。对于事业的成功，它比什么东西都更有效。当我们相信自己能做出最好的成绩时，我们不仅会发现自信提高，而且会发现自己的表现变得更加轻松自如。

信心可以使思想充满力量，你可以在强有力的自信心的驱策下，把自己提升到无限的高峰。具有强烈自信心的人，是生活中的幸运者。因为他们能充分相信自己，能够承受各种考验、挫折和失败，敢于去争取最后的胜利，这种自信心使他们一辈子受用不尽。

坚强的自信常常使一些平常人也能够成就神奇的事业，成就那些天分高、能力强但多虑、胆小、没有自信心的人所不敢尝试的事业。

你的成就大小，往往不会超出你自信心的大小。假如拿破仑没有自信的话，他的军队不会爬过阿尔卑斯山。同样，假如你对自己的能力没有足够的自信，你也不能成就重大的事业。成功的先决条件，就是自信。假如一个人不希求成功、不期待成功，他就最多只能过平庸的日子。

缺乏自信常常是性格软弱和事业不能成功的主要原因。对此，著名推销员金克拉曾有过切身的体会。

金克拉曾参加过一个由梅里尔指导的全日制培训课程。

培训结束后，梅里尔先生将金克拉留下，说："你有许多能力，你可以成为一个了不起的人，甚至一个全国优胜者。我绝对相信，如果你真正投入工作，真正相信自己，你能冲破一切困难获得成功。"

金克拉细细品味这些话时，他惊呆了——我们必须理解金克拉当时的处境，才有可能意识到这些话对他有多大的影响。他回忆道："当我是个小男孩儿时，我长得很小，即使在穿得最多时，也没超过 120 磅。我上学后，从五年级开始，放学后和周六的大部分时间都在工作，运动方面也不是很活跃。另外，我还很胆儿小，直到 17 岁才敢和女孩儿约会，而且还是别人指定给我的一个盲目性约会。一个从小镇中出来的小人物，希望回到小镇上一年赚上 5000 美元，我的自我意识仅限于此。现在却突然有一个受我尊敬的人对我说：'你能成为一个了不起的人'!"

所幸的是，金克拉相信了梅里尔先生，开始像一个优胜者一样思想、行动，把自己看成优胜者。于是，他真的就像个优胜者了。

金克拉说："梅里尔先生并未教很多推销技巧，但那年年底，我在美国一家 7000 多名推销员的公司中，推销成绩列第二位。我常开的破旧的二手车变成了豪华小汽车，而且有望获得提升。第二年，我成为全州报酬最高的经理之一，后来我成为全国最年轻的地区主管人。"

金克拉遇到梅里尔先生后，并不是获得一系列全新的推销技巧，也不是他的智商提高了 50 点，只是梅里尔先生让他确信自己有获得成功的能力，并给了他目标和发挥自己能力的信心。如果金克拉不相信梅里尔先生，梅里尔先生的话对他就不会有什么影响。

生活对于任何一个人来说都非易事，我们必须要有坚忍不拔的精神。最要紧的，还是我们自己要有信心。我们必须相信，我们对一件事情具有天赋的才能，并且，无论付出任何代价，都要把这件事情完成。当事情结束的时候，你要能够问心无愧地说："我已经尽我所能了。"一个人只有自信，才能成为他希望成为的那样的人。

假如我们去研究、分析一些有成就的人的奋斗史，我们可以看到，他们在起步时，一定有充分信任自己能力的坚强自信心。他们的心情、意志坚定到任何困难险阻都不足以使他们怀疑、恐惧的程度。因此，他们能够做到所向无敌。

我们应该有“天生我材必有用”的自信，明白自己立于世，必定有不同于别人的个性和特色。如果我们不能充分发挥并表现自己的个性，这对于世界、对于自己都是一个损失。这种意识，一定可以使我们产生坚定的自信并助我们成功。

积极自信的心态是成功人生最合适的准备

有许多人这样想：世界上最好的东西，不是他们这一辈子所应享有的。他们认为生活上的一切快乐，都是留给一些命运的宠儿来享受的。有了这种卑微的心理后，当然就不会有出人头地的观念。许多青年男女，本来可以做大事、立大业，但实际上竟做着小事，过着平庸的生活。原因就在于他们自暴自弃，他们不曾怀有远大的理想，不具有坚定的自信。

与金钱、势力、出身、亲友相比，自信是更有力量的东西，是人们从事任何事业最可靠的资本。自信能排除各种障碍，克服种种困难，能使事业获得完满的成功。

如果我们分析一下那些卓越人物的人格特质，就会看到他们有一个共同的特点：他们在开始做事前，总是充分相信自己的能力，深信所从事的事业必能成功。因此，他们在做事时就能付出全部精力，排除一切艰难险阻，直到胜利！

如果一个人在每件事情上都不信任自己、不尊重自己，那么这种人自然得不到别人的尊重。

造物主给予我们巨大的力量，鼓励我们去从事伟大的事业。而这种力量潜伏在我们的脑海里，使每个人都具有宏韬伟略，能够精神不灭、万古流芳。如果不尽到对自己人生的职责，在最有力量、最可能成功的时候不把自己的本领尽量施展出来，那么对于世界也是一种损失。世界上的新事物层出不穷，正待我们去创造。

自信是人生不竭的动力，是战胜失败与挫折的坚实基础，是造就成功人士的第一要素。建立积极心理态度的起点，就是建立自信。

许多心理学家都赞同这样一种观点：“毫不夸张地说，一个有力的、积极的自我形象是成功人生的最合适的准备。”过低的自我评价是许多国家社会问题产生的根源。你对自己的心理认知是你个性的核心，和其他影响你的人生的个别因素比起来，它更能起到决定性的作用。

为什么自我评价这么重要呢？因为你的自我评价决定了你对伴侣的选择，对职业的选择，对朋友的选择；决定了你对自己和周围的人的态度，你发展和学习的空间，你的行动和反应；你对自己的看法深深地影响着你和家庭成员的关系，你和同事的关系。

在一个大城市，我们很容易就可以认出贫民区的乞丐、精神病院里的慢性沮丧病患者、不可救药的吸毒者、监狱里的在押犯。这些人明显有着很差的自我评价。但是，在你每天遇到的所有的人中，要想判定出谁具有很强的自信并不是一件容易的事情。最难做到的事情就是审视自己、了解自己对自己的真正的感受。

为了讲述积极的心态是什么，我们先阐述一下什么不是积极的心态。积极自信的心态不是：

——唯我独尊！有人说：“世界上最小的包裹就是以自己为中心的人。”实际上，成为不幸的人的模式中，第一个因素就是只考虑自己。那些只考虑他们自己的、他们自己所需的人会发现，得到的一切都不会给自己带来幸福。对他们来说，他们不可能得到那些对他们的成功至关重要的人的配合。他们的人际关系让人感到灰心与失望。时常感到精神压抑的人就是那些认为自己是世界上最重要的人。以自我为中心的人最极端的表现就是孤独、绝望导致的自杀。任何一个以自我为中心的人，抱持的都是一种拙劣的、消极的心态。

——自鸣得意和自以为是。如果你打赌那些从一项工作到另一项工作，从一种关系到别一种关系上奔波的人不想提升自我形象，那么你就输定了。每一种人际关系中都包含着风险，那些有着强烈的积极的自我形象的人都甘愿冒着被伤害和失败的风险去成为他们能够成为的人。

——蔑视其他人。具有强烈的、积极的心态的人不会轻视那些没有他们所具备的优点的人，或者是那些地位、声望不如他们显赫的人。自卑的人的最大的缺点就是他们认为通过诋毁别人可以提升自己。

那么什么是积极自信的心态呢？积极自信的心态是：

——接受本来的你。著名喜剧演员菲力普·威尔逊在很大程度上是由于成功地塑造了杰拉尔丁的形象而出名的。杰拉尔丁总是这样说："你看到什么你就会得到什么！"杰拉尔丁的这段话很滑稽——但这种态度对于一个人的发展来说倒很有益。

完全地、无条件地接受你自己是树立积极、自信心态的第一步。我们所有的人都有自己不特别喜欢的某些特性——但是我们却无法改变。或许，我们认为自己的鼻子太长，两只眼睛离得太近，个子太高或太矮等等。

难道因为长得不完美你就觉得低人一等？没有谁绝对的完美，那么你又为什么力求完美呢？"没有人十全十美……但在许多方面我是优秀的。"一个漂亮的年轻女孩儿的 T 恤衫上写着这样的标语。这个标语所表达出来的就是接受本来的你自己的基本思想。要相信你的很多方面也是优秀的。当你把注意力放在你的个性、你的身体、你的资质的优良的方面时，你就拥有了树立积极、自信心态的基础。接受独一无二、令人惊奇的你——然后在此基础上继续发展自己。

——对待他人持一种友好的、不带成见的态度。那些自我感觉很好的人认识到把自己和别人相比不是明智的做法。我们应该认识到，上天创造了独特的你，也同样创造了独特的其他人。当你完全接受了你自己，你就会很容易接受别人了。实际上，对那些自己没有信心的人来说，他总是有一种别人不信任，或者说是厌恶他人的感觉。

——乐于承担风险。我们注意到龙虾为了生长，必须要褪了旧壳，长出新壳。成长和学习的过程中总是伴随着风险。一个人如果想要去发展新的关系，或者是加深现有的关系，都要冒着受到伤害的风险。一份新的工作、一个新的职位、一个新的环境，带给人们幸福和满足的同时，同时也会存在许多危险。但是积极的人乐于为将来的收获付出一些沉重的代价。

那些有强烈自信的人认识到：避免犯错误的办法只有一个，那就是什么都不去做——而这恰恰是最大的错误。

——自立、自主！那些认为自己很优秀的人懂得，自己遇到了挫折、自己有了缺点，不能怪罪别人、环境和社会。他们从自身寻找原因，思考采取什么样的方法才能解决问题、怎样才能使事情出现转机。你不会看到他们只是一味地去怨天尤人。你会发现他们竭尽自己的力量去找出解决问题的方法。他们也会优雅地接受帮助，但是他们考虑得更多的是给予。他们一般不谈论自由问题，因为他们一直都很自由。

充满自信地去努力，劣势也能变成优势

许多人都喜欢看 NBA 的夏洛特黄蜂队打球，特别喜欢看 1 号博格士上场打球。

博格士身高只有 1.6 米，在东方人里也算矮子，更不用说在即使身高两米都嫌矮的 NBA 了。

据说博格士不仅是当时 NBA 里最矮的球员，也是 NBA 有史以来破纪录的矮子。但这个矮子可不简单，他是 NBA 表现最杰出、失误最少的后卫之一，不仅控球一流，远投精准，甚至在高个儿队员中带球上篮也毫无所惧。

每次看博格士像一只小黄蜂一样，满场飞奔，人们心里总忍不住赞叹他不只安慰了天下身材矮小而酷爱篮球者的心灵，也鼓舞了平凡人内在的意志。

博格士是不是天生的好球手呢？当然不是，而是意志与苦练的结果。

博格士从小就长得特别矮小，但他非常热爱篮球，几乎天天都和同伴在篮球场上训练。当时他就梦想有一天可以去打 NBA，因为 NBA 的球员不只待遇奇高，而且也享有风光的社会地位，是所有爱打篮球的美国青少年最向往的梦。

每次博格士告诉他的同伴：“我长大后要去打 NBA。”所有听到他的话的人，都忍不住哈哈大笑，甚至有人笑倒在地上。因为他们“认定”一个 1.6 米的矮子是绝不可能打 NBA 的。

他们的嘲笑并没有阻断博格士的志向。他用比一般高个儿人多几倍的

时间练球，终于成为全能的篮球运动员，也成为最佳的控球后卫。他充分利用自己矮小的“优势”——行动灵活迅速，像一颗子弹一样，运球的重心最低，不会失误；个子小不引人注意，抄球常常得手。

心理学家指出，生理特征绝不是你独一无二的原因，它不能正确地把人引进独一无二的自我感觉中。使你区别于别人的，是精神面貌，从而传达出富于个性的信息。

拥有个性，你就是自己的主人，是自己人生快车的火车头。当你的自信程度为人称道的时候，策划人生和实现梦想就已经变成了一件轻松愉快而又方便实用的事。

当你每天跨出家门前，一边整理衣装一边就可以问一问：“我愿不愿接纳我自己?”

你当然愿意接纳自己，因为你是独一无二的。只要自信，你的个性足以使你适应这个时代的需要，使你从人群中脱颖而出。

雪花是独一无二的，没有任何两朵雪花是同样的。我们的指纹、声音和 DNA 也是如此。因此可以肯定，我们每一个人都是独一无二的。然而，尽管我们知道历史上从来没有完全像我们一样的人存在过，但我们还是习惯于将自己与别人相比。我们把他们作为标准来衡量我们的成功，我们常常在报纸上读到某人取得了伟大的成就，然后很快就发现他们的年龄超过了我们，因此我们至少得到了一点儿暂时的安慰：我们也还是有可能取得同样的成功的。

但是，把自己与别人相比是毫无意义的，因为你根本不知道别人在生活中的目标与动力以及别人独一无二的能力。别人有别人的才干，你有你的才干。很多人常常认为才干就是音乐、艺术或智力方面的天赋。但实际上，我们人人都有奇妙的、我们仍在忽视的才干，诸如激情、耐力、幽默、善解人意、交际才能等等，它们是可以帮助我们取得成功的强有力的工具。

人都是独一无二的。使我们独一无二的是我们通过思想意识的作用而在自己内部带来变化的能力。我们对自己的认知、对自己的定位，以及我们将要实现的目标，决定着我们在这个世界上的独特的位置。

科学家认为，人50%的个性与能力来自基因的遗传。这意味着，另外的50%不取决于遗传，而取决于创造与发展。如果能够做到这一点，你最希望的变化是什么？当然，我们必须承认，有些事情是我们无论如何积极思维也无法改变的，比如身高、眼睛、肤色等等。但是，我们却可以改变对它们的看法，通过自身努力，把劣势变成优势。

恰当的自信能引导人自我实现和获得成功

一位教育专家曾做了一个实验，将学习成绩较差的班级的学生当作学习优秀班的学生来对待，而将一个成绩优秀的班级当作问题班来教。一段时间下来，发现情况发生了变化：原来成绩距离相差甚远的两个班级，在实验结束后的总结测验中，平均成绩竟然相差无几。原因就是老师们不明真相，用对待好学生的态度来对待差班的学生，使学生们的自信心得到鼓励，因而学习积极性大增，而原来的优秀班学生受到老师的怀疑态度的影响，信心受挫，致使学习态度转变，影响了学习成绩。

在生活中一定要相信你自己！如果对你自己的力量没有最起码的、适度的信心，你是根本不可能获得成功和快乐的。有恰当的自信心，你才会成功。有自卑感和有心理缺陷，会妨碍希望的实现，但是，自信却能引导人自我实现和获得成功。

纵观历史上众多的成功者，你也许会发现，许多人开始时甚至比你起步的条件更糟，但他们成功了。原因是他们自信心十足，有成功的愿望。林肯认为："一个人决定实现某种幸福，他就一定会得到这种幸福。"也就是说成功的条件只需要有一个，它就是：你希望成功，并始终相信自己会成功，永远都不停止努力！

许多人在一些细微的地方总是费尽心思，但却没有较大的目标。这种目光短浅的人，在生活中远不如有雄才大志者有竞争力。

当我们考虑到成功的时候，我们不会以大学学位、家庭背景及其他情况为标准，我们是以思想的远大与渺小为准绳的，我们的思想的尺寸将决定成功的大小。现在，让我们来看看，怎样才能使我们的思想趋向远大。

你是否问过自己：“什么是我最大的弱点?”也许，人类最大的弱点便是自我贬值——自己瞧不起自己。自我贬值的表现多种多样。比如说：某人在报纸上看到一个招聘广告，那正是他朝思暮想的位置。但是，他什么也没有干，因为他想：“我不够格干这事，为什么要去自寻烦恼?”自古以来，哲学家们便已给我们一个极重要的忠告：认识你自己！但是大部分人，看上去把这一劝告译成是仅仅了解消极的自我。他们过多地看到自己的错误、短处和无能。

知道自己的先天不足是一件好事，因为我们自己毕竟还有缺陷。但是，如果我们仅仅知道我们消极本质的一面，那情况就很糟了，这就会使我们觉得我们的生活价值不大。

下面是几个帮助衡量你真正价值的办法：

(1) 了解你五个主要的长处

请几个客观的朋友来帮助寻找优点，他们将给予你真实的看法（最常见的优点多与教育、经验、技术、长相、和谐的家庭生活、态度、性格和主动性等有关）。

(2) 认识自己的伟大之处

在每个优点之下，写下三个人的名字，而这三个都是你认识的，已取得极大成功的人，但在这几个方面，他们却比不上你做得好。

当你结束这一练习时，你会发现你至少在某个方面超越了许多成功者。

你只能得出这样一个结论：你比你想象中的自我要伟大得多。为此，再不要瞧不起你自己！

(3) 把自己当作世界上最重要的人

认清你对你自己的重要性。你必须明白，当你了解自己是世界上最重要的人时，那并非自大。当你排除掉生活中琐碎无关的事，而为你内心的“我”投以应得的关注时，并非是自负或是自私。

对于“看重自己”这句话，你不该解释成自我崇拜。那是全神贯注于自己，而将别人排除的自我迷恋。你只需顺着可能发展的方向，耐心地做你自己的工作，使自己成长，并且接受你的成长——因为你是重要的。然后你应该出去见见世面，和别人共享你的成就，而使世界充满温馨。每天这样的磨炼，会使你看重自己真实的一面；当有所需时，产生呼之即来的创造力。

当你每天不断地尝试、努力，再度激发你诚挚的热情，加强你的自信，进而接纳你自己，使你与自己更接近时，你将会很容易地做到越来越看重自己。

不管发生任何事情，都要相信自己是最好的

有一个盲人性格十分开朗，生活非常愉快。有人问他：“作为一个盲人，你不感到痛苦吗?”盲人回答说：“我痛苦什么呢? 和聋子相比，我能听见声音；和哑巴相比，我能说话；和下肢瘫痪的人相比，我能行走。”

眼睛失明了还丝毫不痛苦，这是因为他调整了比较对象和方法，是用自己的优势去比人家的劣势，用自己的长处去比人家的短处。这样相比，比出了自豪感，比出了优越感。

在你的生活中，肯定会有一些不如意的事情，但是关键是看你的心态如何。或许你曾因为自己的不优秀而自卑，或许你会因为自己的身体不好、成绩不好，而觉得自己比不上别人。但其实这些都是没有必要的。世界上人人都是均等的，没有谁比不上谁之说。重要的是，你是否能赶走自己的悲观、自卑，摆脱负面的思维。

有一个名叫凯西的女子从小被认为智能不足。她在智障学校待到 5 岁，才被发现原来不是智障，而是失去听力，于是被转往特殊学校。直到十几岁时，她才借着助听器过上了较为正常的生活。就在人生刚有起色时，一次意外的车祸使她在医院躺了两年。当时她自问：为什么自己的人生有这许多的不如意? 但她随即深信：任何事情的发生必有其目的，并且有助于自己的。因此，她咬紧牙根渡过难关。

之后，她交了男友，人生再度有了起色。不料，不久她又因乳腺癌先后割掉两个乳房。然而，纵有千般不如意，她还是相信：凡事发生必有其

目的，并且有助于自己。

一次，她的母亲歉然地对她说：“凯西，真的很对不起，把你生成这样。”她却回答道：“妈，你把我生得太好了。因为这样，我今天才有这份热忱把自己的体验和经历与他人分享，化恐惧为动力，化压力为助力，为自己在每一个困难中，找出值得收藏的礼物。”

凯西能够摆脱自己的负面思维，摆脱自己的困境，是因为她不自卑，不悲观，她把所有发生在自己身上的一切事情都当作这是上天给她的恩赐。所以，她没有被打败，她坚强地活过了每一天。

不知道在你的生活中是否也会碰到这样的事情，你是否悲观、自卑过呢？那么，看了凯西的故事之后，希望你能够坚强地面对每一天，赶走那不该有的悲观与自卑，摆脱自己的负面思维，使自己活得更潇洒。

在美国庞大的律师群体中，有一位外貌丑陋却口碑极佳的女律师，她的名字叫科尔。在法庭上，她扭曲的容貌常会引起众人的惊讶甚至恐惧。但是，这位丑陋的女律师，却以渊博的学识和言辞犀利的口才，以及咄咄逼人的气势震惊四座，为无数当事人打赢了官司。许多人不解，这样一位容貌丑陋的女人，是怎样成为一位知名律师的呢？

科尔是家中唯一的女孩儿，童年时代，她不仅长得俏丽可人，而且聪明伶俐，从小就是父母的掌上明珠。升入中学后不久，科尔的身上不断表现出奇怪的症状：原本一头金黄色长发，变成了灰白色，且不停地大把脱落；右眼向下倾斜；鼻子向右扭曲；右侧嘴角向上翻起，一张漂亮的面孔完全变了形。

医生的结论是：科尔患上了一种罕见的进行性面偏侧萎缩症。这类病症会随着患者年龄的增长而日趋加重，患者的五官会渐渐萎缩，直至完全消失，甚至整张脸萎缩成为一个洞。而令人恐惧的是，目前在全球范围内，还没有对这种病症行有之有效的治疗方法和手段，然而，这种病虽然非常可怕，但不会危及患者的生命。坚强的科尔心头重新燃起了一团希望的火焰。

她想，既然自己享有和他人同等的生命权，就一定要通过努力和奋斗

来证明自己生命存在的价值和意义。从此，科尔更加发奋努力地学习，几乎包揽了年级所有学科的第一名。

后来，科尔以优异的成绩考取了大学。走进大学校园，她依旧是同学们眼中的“怪物”，没有人愿意主动接近她。面对如此大的精神压力，科尔只有一个人默默地承受。

一天，在社会心理学课上，老师让同学们讨论自己的理想。轮到科尔时，她说她的理想是做一名律师，教室里爆出轰堂大笑，同学们你一言我一语地说：“‘丑八怪’律师……”“谁有这么大的胆子请这样的律师出庭……”“考验法官胆量的时候到了……”

而科尔表情严肃并语气坚定地说自己要当律师，去帮助那些可怜的受害者，以及遭到他人歧视的身患残疾的不幸的人。教室里瞬时安静下来，每个人都陷入了深深的沉思中。

现在，女律师科尔时常出现在法庭上，她特殊的容貌依然会招来少数人的嘲讽甚至轻视。科尔说：“有一天我的脸可能会消失，但只要我的生命还在，我会继续证明，容貌的美丑并不重要，重要的是你生命中的自信和坚强。”

科尔是勇敢的，她没有因为自身的丑陋而自卑，在面对来自外界的压力时，她没有悲观消极，而是选择了更为积极的应对方式，让那些嘲笑她，看不起她的人自己感到羞愧。

在生活中，要努力成为一个自信和坚强的人，不管发生任何事情，都要赶走自己的悲观和自卑，摆脱自己的负面情绪，要相信自己是最好的。这样，才能更好地去发展自我，实践自己的人生理想。

努力清除内心最隐秘角落的自卑感

成功与快乐的起点，就是良好的自我认识。在你真正喜欢别人以前，你必须先接纳自己。在你未接纳自己以前，动机、设定目标、积极的思考等等，都不会为你工作。在成功、快乐属于你之前，你必须先觉得这些事情很值得。

古往今来，成功人士并非完美无缺，他们甚至比常人柔弱、卑微。看看他们积极的自我意识，你会有很多收获。

美国第 26 任总统西奥多·罗斯福是一个有缺陷的人，小时候是一个脆弱胆小的学生，在学校课堂里总显露一种惊惧的表情。他呼吸就好像喘大气一样。如果被喊起来背诵，立即会双腿发抖，嘴唇也颤动不已，回答起问题来，含含糊糊，吞吞吐吐，然后颓然地坐下来。由于牙齿的暴露，难堪的境地使他更没有一个好的面孔。

像他这样一个小孩儿，自我的感觉一定很敏感，常会回避同学间的任何活动，不喜欢交朋友，成为一个只知自怜的人！然而，罗斯福虽然有这方面的缺陷，但却有着奋斗的精神——一种任何人都可具有的奋斗精神。事实上，缺陷促使他更加努力奋斗。他没有因为同伴对他的嘲笑而减低勇气。他喘气的习惯变成了一种坚定的嘶声。他用坚强的意志，咬紧自己的牙床使嘴唇不颤动而克服他的恐惧感。

没有一个人能比罗斯福更了解自己，他清楚自己身体上的种种缺陷。他从来不欺骗自己，认为自己是勇敢、强壮或好看的。他用行动来证明自己可以克服先天的障碍而得到成功。

凡是他能克服的缺点他便克服，不能克服的他便加以利用。通过演讲，他学会了如何利用一种假声掩饰他那无人不知的暴牙，以及他那打桩工人似的姿态。虽然他的演讲中并不具有任何惊人之处，但他不因自己的声音和姿态而遭失败。他没有洪亮的声音或是威重的姿态，他也不像有些人那样具有惊人的辞令，然而在当时，他却是最有力量的演说家之一。

由于罗斯福没有在缺陷面前退缩和消沉，而是充分、全面地认识自己，在意识到自我缺陷的同时，能正确地评价自己，在顽强之中抗争。不因缺憾而气馁，甚至将它加以利用，变为资本，变为扶梯而登上名誉巅峰。在晚年，已经很少人知道他曾有严重的缺憾。

自信是所有成功人士必备的素质之一，要想成功，必须建立起足够的自信心。而我们若想在自己内心建立信心，就应该像洒扫街道一般，首先将相当于街道上最阴湿黑暗之角落的自卑感清除干净，然后再种植信心，并加以巩固。信心建立之后，则新的工作机会就会伴随而来。下面是消除自卑、加强信心的有效方法和步骤。

(1) 分析自卑的原因

你应观察自己的自卑感是由什么原因造成的。你会发现原来自己的自我主义、胆怯心、忧虑及自认比不上他人的感觉，小时候就已存在，而自己和家人、同学、朋友之间的磨擦，往往是由自卑的消极心态造成的。若是你对此能有所了解，就等于已踏出克服自卑感的第一步了。

通过全面、辩证地看待自身情况和外部评价，认识到人不是神，既不可能十全十美，也不会全知全能这样一种现实。人的价值追求主要体现在通过自身智力，努力达到力所能及的目标，而不是片面地追求完美无缺。对自己的弱项或遇到的挫折，持理智的态度，既不自欺欺人，也不将其视为天塌地陷的事情，而是以积极的方式应对现实，这样便会有效地消除自卑。

（2）写下自己的才能与专长

你不妨将自己的兴趣、爱好、才能、专长全部列在纸上，这样，你就可以清楚地看到自己所拥有的东西。另外，你也可以将做过的事制成一览表。比如，你会写文章，记下来；你善于谈判，记下来；你会演奏几种乐器，你会修理机器等，你都可以记下来。知道自己会做哪些事，再去和同年龄其他人的经验做比较，你便能了解自己的分量。

（3）面对自己的恐惧

请牢记，对自己绝不可放纵，你应正视自己的问题，从正面去试着解决。比如，你害怕在大庭广众前发表意见，就应多在社交场合与人交谈；如果你为了加薪问题想找上司谈判，但因心生胆怯，事情一拖再拖，一直无法获得解决。建议你不妨一鼓作气走到上司面前，开门见山地要求加薪，相信结果一定比你想象的还好。因此，如果你现在心里有尚未完成而需要完成的事，切勿迟疑，赶快展开行动吧！

（4）努力补偿

你可以通过努力奋斗，以某一方面的突出成就来补偿生理上的缺陷或心理上的自卑感（劣等感）。有自卑感就是意识到了自己的弱点，就要设法予以弥补。强烈的自卑感往往会促使人们在其他方面有超常的发展，这就是心理学上的“代偿作用”。也就是说，我们可以通过弥补的方式扬长避短，把自卑感转化为自强不息的推动力量。耳聋的贝多芬，却成为了划时代的“乐圣”；解放黑奴的美国前总统林肯，弥补自己不足的方法就是通过教育及自我教育。他拼命自修以克服早期的知识贫乏和孤陋寡闻，他在烛光、灯光、水光前读书，尽管眼眶越陷越深，但知识的营养却对自身的缺乏做了全面补偿，最后使他成了有杰出贡献的美国总统。

许多人都是在这种补偿的奋斗中成为出众的人的。在通往成功的道路上，完全不必为“自卑”而彷徨，只要把握好自己，努力去补偿，成功的路就在脚下。

（5）投入工作

将注意力转移到自己感兴趣也最能体现自己价值的活动中去，可通过致力于书法、绘画、写作、制作、收藏等活动，从而淡化和缩小弱项在心理上的自卑阴影，缓解心理的压力和紧张。

每当做好一件工作，你便能获得进一步的信心；而有了信心，又可为你带来物质上的报酬，使你获得别人的赞美，进而得到心理上的满足。这些连续美好的反应，是让你走上成功的推进器，使你看得更高，走得更远，彻底发挥所长，并逐渐获得自己想要的生活。

提升自信，改变对自己的消极看法

像社会中许多其他人一样，你可能从小到大一直认为爱自己是不对的。父母告诉我们为他人着想；老师告诉我们爱你的同学。似乎大家都忘记了“爱自己”。

从孩童时代起，别人就告诉你，爱你自己无异于自私和骄傲。你学会先人后己、多想别人，因为这样才显示出你是个“好”人。你学会自我埋没，并且常常受到“把你的东西分给妹妹”之类的教育，至于这些东西是你的宝贝还是珍爱的玩具，那都是无关紧要的——尽管妈妈爸爸未必与他人分享他们大人的东西。你甚至会被告诫：你应当“坐在那儿别出声”，或者“你应该守规矩”。

儿童们自然认为自己是美丽的和重要的。但等他们到了十几岁，社会教育便在他们的思想中扎了根。人人都持自我否定态度，并随着岁月流逝而越来越甚。毕竟，你不能总是爱你自己——否则，别人会怎么看你！

当然，这些社会信息的微妙暗示本身并不带有恶意，但它们的确束缚了个人意识。从父母、兄弟姐妹、学校和朋友那儿，儿童们学会了这些冠冕堂皇的社会礼节——成年人之间所特有的社会礼节。除非为了取悦于大人，儿童们相互之间从不理会这些礼节。看看这些礼节吧：大人进来时要站起来；离开饭桌前要征得大人同意；容忍别人没完没了地拧脸蛋儿、拍头顶……其中的信息很明显：大人是重要的，小孩儿不算什么；别人是重要的，你自己是微不足道的。这样，首先产生的后果是“不要相信你自己

的判断”，尔后便是随“礼貌”而来的许许多多的后果。这些所谓“礼貌”的清规戒律，是你根据别人的评价来确定自我意识、降低自我价值的根源之一。毫不奇怪，这些自我怀疑和自我摒弃的定义，会一直延续到你成年之后。

缺乏自信常常是性格软弱和事业不能成功的主要原因。

有一个美国医生，他以擅长面部整形手术驰名。他创造了许多奇迹，经整形把许多丑陋的人变成漂亮的人。他发现，某些接受手术的人，虽然为他们做得整形手术很成功，但仍找他抱怨，说他们在手术后还是不漂亮，说手术没什么成效，他们自感面貌依旧。

于是，医生悟到这样一条道理：美与丑，并不在于一个人的本来面貌如何，而在于他是如何看待自己的。

如果一个人自以为是美的，他真的就会变美，如果他心里总是嘀咕自己一定是个丑八怪，他果真就会变成尖嘴猴腮，目瞪口呆，生出一脸傻相。一个人如自惭形秽，那他就不会变成一个美人；同样，如果他不觉得自己聪明，那他就成不了聪明人；他不觉得自己心地善良——即使在心底隐隐地有此种感觉，那他也成不了善良的人。

有这样一个例子：心理学家从一个班的大学生中挑出一个最愚笨、最不招人喜欢的姑娘，并要求她的同学们改变以往对她的看法。在一个风和日丽的日子里，大家都争先恐后地照顾这位姑娘，向她献殷勤，陪送她回家，大家以假作真地从心里认定她是位漂亮聪慧的姑娘。结果怎样呢？不到一年，这位姑娘出落得妩媚婀娜，姿容动人，连她的举止也同以前判若两人。她高兴地对人们说：她获得了新生。确实，她并没有变成另一个人——然而在她的身上却展现出每一个人都蕴藏的美，这种美只有在我们相信自己，周围的所有人也都相信我们，爱护我们的时候才会展现出来。

许多人以为，信心的有无是天生的，不变的。其实并非如此。童年时代受人喜爱的孩子，从小就感觉到自己是善良、聪明的，因此才获得别人的喜爱。于是他就尽力使自己的行为名副其实，造就自己成为自信的那样的人。而那些不得宠的孩子呢？人们总是训斥他们：“你是笨蛋、窝囊废、懒鬼，是个游手好闲的东西!”于是，他们就真的养成了这些恶劣的品质，因为人的品行基本上是取决于自信的。我们每个人心目中都有各自为人的标准，我们常常把自己的行为同这个标准进行对照，并据此去指导自己的行动。因此，我们要使某个人变好，就应对他少加斥责，要帮助他提高自信心，修正他心目中的做人标准。如果我们想进行自我改造，进行某方面的修养，我们就应该首先改变对自己的看法，不然，我们自我改造的全部努力便会落空。

学会改变态度，从消极中寻找积极

我们每一个人在现实生活中是很难避免失败、困难和挫折的。一旦遇上它们，从心理的角度而言，绝大多数人就会感觉到沮丧和消极。这种消极的情绪对我们的成功会产生一种极其有害的影响。

所以，我们应当学会积极起来。最重要的就是从消极之中去寻找积极，让我们自信与快乐起来。从消极中寻找积极，重要的是首先你自身应当积极起来，而不是试图从周围或者别人身上去寻找。下面是有关学者推荐的一些从消极中寻找积极的重要方法：

（1）努力使自己的生活每天都有所改变

墨守成规和抵制变革是人的天性，但你必须教会自己尝试新途径。在没学到新东西前，不要浪费任何一天。成功的生活往往是一种冒险。事实上就是这样，如果你能找到一种方法，使每天都冒险——这种冒险可以是你决定改变一种以前没做过的一样小事而已，你会发现，你的生活变得更有成果、更丰富和更有情趣。你也会对其他东西更有兴趣，从而使你更加积极起来。

总之，冒险、尝试、探索都是为了寻找积极。成功的人永远不停止探索和尝试。

（2）赞美别人的优点

相信我们大家身上都深深地蓄积有信心，但它只是常常被淹没和未被利用而已。当然要拿出信心是需要训练的，这种训练的方法是和其他人交谈，在交谈中注意对方，树立自我信心。每个人都有信心，如果你找出它的话，你就会真正地表达友谊、爱和快乐——这三者能帮助你成为一个成功和有成果的人。

如果在社交场合遇到某人，从他身上你找不到任何值得谈论的积极方面，那你最好保持沉默。但如果你能找到值得谈论的方面，那就不要保持沉默了。你应该把好消息告诉热切希望听到的人。例如，如果有人有一双非凡明亮的眼睛，这双眼睛使四壁生辉，那你就称赞他的这双眼睛。如果他有一副柔和悦耳的嗓音，那你就告诉他，听他说话是多么令人愉快。

无论你发现别人什么值得赞扬的东西，你都要让他知道。赞扬别人的优点也有利于说话的人。因为后者逐渐养成表达有用或有建设性思想的习惯，这种倾诉能帮助你建立友情，并有助于你从消极中发现积极。

（3）努力避免流言

流言是一种坏习惯，那些在消极中寻找积极的争取成功的人应避免这种坏习惯。多数流言是不利的消息，它常常充满夸张和谎言。希望在事业上成功的人、希望受人尊敬和欢迎的人，应努力避免流言。假如实在躲不开，也不要过多地去理会它们，要主动地去关注生活中那些积极的、令人振奋的因素。

树立坚定的信念和足够的自信心

你是否充分相信自己？是否具备从事任何活动的信心？这关系到你是否能适应社会，能否走向成功。拥有充分自信心的人，往往不屈不挠、奋发向上，因而比一般人更易获得各方面的成功。

为了在生活中树立充分的自信心，可参考如下建议：

（1）选择自己可以接受的缺陷

有些天生的缺陷我们无法改变，比如，有些人对自己的身高不满意，这不是通过后天的努力可以改变的，因此就不应该去做一些不切实际的幻想。对待这种情况，明智的办法是去发展自己不受限制的大脑，努力用杰出的成绩弥补身高不足的缺憾。

应该认识到，自信不过是一种感觉。如果你用肯定的态度去对待生活，久而久之它就会变成一种实在的行动。而其他人的意见或者自己的怀疑，则经常会让你对自己的能力产生怀疑。最好的办法就是不管别人怎么说，自己都尽可能地去尝试。尝试越多，便对自己的缺陷了解得越清楚，自己的选择就会更加贴近实际，自己能做什么、不能做什么也逐渐分明，自信心自然会增加。

（2）突出自己的优势

一位著名学者说："突出自己的优势是获得成功的关键。"

赢家永远都知道突出自己的优势，并把自己的主要精力用在这上。大家都有过类似的经历，当与别人一起交流时，如果涉及的是自己的专业，谁都会滔滔不绝，似乎是此行专家。因为那是自己的优势，涉及到了自己的优势，自信心便油然而生。

在生活中，天才和全才毕竟还是少数。因此，我们每个人都应该发现自己的优势，进而把它扩大化，不用多久，你的自信心便会大增。

（3）告诉自己：一定要实现目标

大多数人即使确立了目标，由于并不衷心渴望达成，所以也就缺乏达成的自信心。反过来说，因为不寄予希望，所以嘴上经常挂了这么一句“我做不到”，而死了心。

不管你在哪一家公司上班，在工作上追求快速成长而始终认真如一、朝向目标奋勇迈进的人，总是占少数。大多数人往往只求投入一半心力，并不积极地全力投入。

想要拥有自信——“这才是我唯一的工作”，这种全神贯注的信念是非常重要的，抱着半途而废的心理绝不可能产生自信，也绝对不被认为是公司的好员工。

为了做到这一点，不妨试试花一天的时间全力沉浸在工作中。

人们常说：“唯有贯注于自己的工作才会产生希望。”希望和自信原属同一根源。只要将自己沉浸在工作中，哪怕一天也好，你的心底便会油然而升“只要切实去做，同样也做得到”的自信。

仅仅一天而已，乍听起来好像没什么意义，然而这却是一个充满自信的人生转折点。我们可以从很多人的经验中得到证实，一个充满自信心希望的一天就是迈向成功的第一步。

（4）坚定信念，放弃逃避的念头

爱迪生说：“在你停止尝试的当儿，那就是你完全失败的时候。”欠缺自信的人，将终日与恐惧结伴。而越是被恐惧的乌云所笼罩，自我肯定的机会也就越渺茫。

此时，如果我们将“恐惧”置之不顾，而任其生长的话，恐惧的阴影就会越长越大；你越是想逃避，它越是如影随形。

罗斯福有句名言：“现实中的恐惧，远比不上想象中的恐惧那么可怕。”大多数人在碰到棘手的事物时，大都只会考虑到事物本身的困难程度，如此自然也就产生了恐惧感。但是一旦实际着手时，就会发现事情其实比想象中要容易且顺利得多。

所以，分析恐惧，就是克服恐惧的第一步。下面的几个问题请向自己发问，并切实回答——

我所害怕的到底是什么东西？实际上它又如何呢？我所害怕的东西真正存在吗？抑或只不过是想象而已？难道我的内心理所当然应该充满恐惧吗？

其实，你所恐惧担心的事物一旦面对现实时，你的心里往往会有“最糟糕大不了如何如何……”的万全准备，这种“大不了”的心理，正是你可以克服恐惧习惯的最佳证明。所以，这些造成你不安的恐惧事物，说穿了并没有什么，我们若将其真面目分析得仔细一点儿，你会发现你所畏惧的“幽灵”，原来不过是一株枯萎的树影罢了。你将会为自己深深陷入的恐惧感到好笑。

所以，不论你怎么看它，只要勇敢面对，不但可以从此消除恐惧的阴影，并且能够产生坚强的自信心。

（5）从挫折中奋起

“我们浪费了太多的时间，”一位年轻的助手对爱迪生说，“我们已经试了2万次了，仍然没找到可以做白炽灯丝的物质！”

“不！”爱迪生回答说，“但我们已知有2万种不能当白炽灯丝的东西了。”

这种精神使得爱迪生终于找到了钨丝，发明了电灯，改变了世界。

受过挫折和有过艰难经历是一种财富。只有那些什么也不做的人，才不会有挫折。当然，自信不会来自挫折本身，但失败和挫折能够教给人许多有用的东西。而这些东西一旦被你所牢记，日后便成了巨大的财富。俗话说：“失败是成功之母。”努力从失败和挫折中汲取有用的经验和教训，必将增强你的自信心。

(6) 确实遵守自己所订下的约束

这是增强自信的最后一个步骤，也是所有步骤中最简单且最具效果的。

此处所指的约束，任何一种都可以，而且若能包含你的工作、经济、健康等各种问题，更能收到一石二鸟的效果。

当然，所谓“约束”并不仅仅是在头脑中约束自己而已，你可以试试在纸上签上自己的姓名会更具实践的效果，比方说：“从今天起一周之内，我每天早晨要起来慢跑。”或者：“从今天起一周之内，我要比平常早 30 分钟出门上班。”等等都可以，将它写在纸上，并填上日期，签上姓名。

约束的内容如何并不重要，重要的是将它写在纸上后，不论发生什么样的障碍，都务必要确实遵守。记住：成功的秘诀是在于恒心。

当你对自己做了某种程度的约束后，在遵守这种约束时，你会发现由于实践而产生了自我信赖，这种自我信赖便是你已开始坦然面对自己的实证，此时自信当然也会跟着而来，随着时日根深蒂固地成为你的勇气与力量。

大多数人在实行这种自我约束时，多半会有优柔寡断、迟疑不决的心态；即使实行了，一旦遭遇到挫折又会随即住手。然而，若是用这种写在纸上的签名方法，可能就不大容易半途而废了。因为不管多么微小的事，一旦立下“只要决心去做一定会成功”的信念，自信便会油然而生。

学会驾驭生活，走自己的路

“走自己的路，让人们去说吧!”我们对但丁的这句名言并不陌生。可是，我们在生活中是否信奉它，实践它呢?

哲学家苏格拉底曾被人贬为“让青年堕落的腐败者”。

美国职业足球教练文斯·伦巴迪当年曾被批评“对足球只懂皮毛，缺乏斗志”。

贝多芬学拉小提琴时，技术并不高明，他宁可拉他自己作的曲子，也不肯做技巧上的改善，他的老师说他绝不是个当作曲家的料。

发表《进化论》的达尔文当年决定放弃行医时，遭到父亲的斥责：“你放着正经事不干，整天只管打猎、捉狗捉耗子的。”另外，达尔文在自传上透露：“小时候，所有的老师和长辈都认为我资质平庸，我与聪明是沾不上边的。”

爱因斯坦 4 岁才会说话，7 岁才会认字。老师给他的评语是：“反应迟钝，不合群，满脑袋不切实际的幻想。”他曾遭到退学的命运。

牛顿在小学的成绩一团糟，曾被老师和同学称为“呆子”。

罗丹的父亲曾怨叹自己有个白痴儿子，在众人眼中，他曾是个前途无“亮”的学生，艺术学院考了三次还考不进去。他的叔叔曾绝望地说：“这孩子看来是没啥出息了。”

如果这些人不是“走自己的路”，而是被别人的评论所左右，那怎么能取得举世瞩目的成绩?

人生的成功自然包含有功成名就的意思，但是这并不意味着你只有做出了举世无双的事业，才算得上成功。世界上永远没有绝对的第一。看过马拉多纳踢球的人，还想一身臭汗地在足球队里混吗？听过帕瓦罗蒂的歌声的人，还想修炼美声唱法吗？——其实，如果总是担心自己比不上别人，只想功成名就，那么世界上也就没有帕瓦罗蒂、马拉多纳这类人了。

实际上，追求一种充实有益的生活，其本质并不是竞争性的，并不是把夺取第一看得高于一切，它只是个人对自我发展、自我完善和美好幸福生活的追求。那些每天一早来到公园练武打拳、练健美操、跳迪斯科的人，那些只要有空儿就练习书法绘画、设计剪裁服装和唱戏奏乐的人，根本不在意别人对他们姿态和成果品头论足，也不会因没人叫好或有人挑剔就停止练习、情绪消沉。他们的主要目的不在于当众展示、参赛获奖，而是自得其乐、自有收益，满足自己对生活美和艺术美的渴求。

真正成功的人生，不在于成就的大小，而在于你是否努力地去实现自我，喊出属于自己的声音，走出属于自己的道路。

在人生的旅途上，你必须做出这样的抉择：你是任凭别人摆布，还是坚定地自强；是总要别人推着你走，还是驾驭自己的命运，控制自己的情感。

不少人的生活就像秋风卷起的落叶，漫无目标地漂散，最后停在某处，干枯、腐烂。

为了促进个人的成长，达到个人的幸福，你必须学会驾驭生活。你必须自己选择服装，自己选择学校，自己选择朋友，掌握自己的命运，完成你对事业和爱情的追求，不要被那些过时了的经历所制约。这并不是说你应该操纵别人来达到个人自私的目的，而是说你应该友善地调动其他人的积极性，让他们来帮助你达到你的目标，分享你的成果。你应该和别人沟通，把你与对方的需求和目标互相分享，并互相协作，互助、互爱完成各自的目标。

你应该进一步增强自信心，这样你会更加爱好自己所从事的工作，因为你知道这是你的选择。你会更加自爱，因为你掌握了自己的命运。你会加倍爱别人，因为你觉得你独立自由。这样，你便能逐渐能驾驭生活，努力地去实现自我。

证明自己对社会的价值，摆脱失落感和寂寞

失落感是一种是由多种消极情绪组成的情绪体验。忧伤、苦恼、沮丧、烦躁、内疚、愤怒、心虚、彷徨、痛苦、自责、焦虑、不安、抑闷、悲伤、恐惧、孤独、嫉妒、沉默等等都是消极情绪。人的一生，是面临各种问题和挑战的一生，失落感是人在面临挑战时的反应之一，它常常是困扰许多人的主要烦恼之一。

美国一位高级工程师这样叙述了自己的感受：

“近来，我被一种莫名其妙的情绪笼罩着，我徒劳地想摆脱出来，可悲的是我连这种情绪是怎么回事都未弄清楚……

“世上万物仿佛一只大网直扣下来，渺小的我只有在大网之下做着莫名其妙的挣扎和寻找。

“……大学毕业后，我就在现在的单位就职，周围的人因这职位和环境而羡慕我的机遇、我的幸运、我的一帆风顺。

“但是生活并非如人们想象的那么轻松愉快。在春风得意的背后，深深的精神危机围绕着我，无论繁忙还是悠闲，内心深处总被一种难以遏制的渴望灼痛着，使我无法安宁。

“人们会问：你究竟有何不适？你还想得到什么？我无言以对，然而那种感觉却日复一日、年复一年地滋长着……”

这就是失落的现实表现！这种感觉是被社会遗忘的空虚和茫然，是一种身属其位，却又不知自己在生活的哪一个坐标上，心中只有无限的怅惘。

一般地说，一个人产生失落的原因主要有以下两点：

一是不适应角色的转变。一个人在失去原来已习惯担任的角色时，很容易产生失落感。

比如，一个青年学生在学校生活久了，大学毕业之后必须参加工作。但离开久已默契和合拍的“象牙塔式”的生活之后，便很难在尘世的喧哗中找到自己的角色位置，虽然勉强地找到了工作，但未必是适合自己心意的。

二是理想与现实相差太远。个人在生活中找不到适合自己的位置时，便会有一种被生活遗忘的感觉，以为自己是个“多余的人”。失业青年的失落感大多是由此引起的。

另有一些年轻人，总以为自己眼前的工作不适合自己，以为自己可做个部门经理，而实际上他又无什么专长，这样高不成低不就的状态，只能由一个公司跳到另一个公司，越来越感慨自己“运气不好”。

有位哲人说，期望越高失望越深。此话颇有道理。

假想一下，当你对生活抱着那种美梦般的幻想时，在想象的世界里，你是个至高无上的国王或王子，你期望拥有一份舒适的工作，最好是某大公司的总裁之职，你期望有一个美丽的妻子；你期望有一个幸福的家庭，儿子可爱，女儿美丽，且都聪颖过人……总之，你期望拥有一切美好。

可实际情况又怎样呢？现实生活走来时，过高的、超出自己实际能力的期望，如美丽的肥皂泡一样轻易地破碎了，于是失落因此而生成。而那些太多且不合理的期望，是一种没有正确、理智地估计自己的原因。

失落感是因为个人在社会生活中失却了位置，个人的价值找不到实现的方式。要想改变它，不妨证明自己对社会是有用的。

进攻是最好的防守，也是最佳的突破方式。奋斗能让你显示自己的能量，它将是你突破失落的最佳方式。

奋斗着的人们，遇到什么样的挫折和失败都不会感到空虚。

如果有失落感的人，退回心灵的深处，企图抵抗失落感，那么这种退缩的最后结果定是可悲的徒劳。

失落者是一种角色的错位，也许你现在担任的角色并不是最适合的，

不是一个理想的角色，但不管怎样，对目前的角色都要积极地扮演。

积极扮演角色会使自己感到充实，因为任何一个角色都是组织中一个不可缺少的环节，积极扮演就会体现出它的主要作用，个人的价值也会因此而实现。

而且，只有积极扮演角色，才可能发现自己的才能，才能找到更适合自己的位置。

因此，在失落之后，一定要将心灵之帆扬起，重新冲向生活海洋，在冲击中寻找充实。

与失落感相伴的是寂寞。一位著名作家指出，既然人类存在一天，寂寞就会存在一天；既然精神的解放是人类通向自由王国的必由之路，那么，与其一味地哀叹寂寞，还不如勇敢地直面寂寞。人类就是在寂寞与充实的轮回中前进的。只要不被寂寞扼制，以致消极、隐退、无为，进入恶性循环，那么，寂寞也可成为动力。治疗寂寞的最佳药方是“投入”，而非隔绝；是进取，而非逃遁。

况且，如果说没有友爱，人生无趣的话，那么没有寂寞，人生同样乏味。试想，若把你抛进喧嚣的人海，整天整日里都得面对着人群，点头、微笑、说话、应酬……丝毫也得不到寂寞的喘息，那你弄到后来，不心烦意乱、发怒咆哮以至神经错乱才是怪事。世界不能没有寂寞，没有寂寞的世界，该是个多么喧闹、拥挤的世界，那岂不是人类的灾难吗？

挪威科学家南森说过：“人生至要之事是发现自己，所以有必要偶尔与寂寞为伴，沉思为伍。”

寂寞难耐，寂寞美好。唯其难耐，才显出它的美好。勇猛之人，可以战胜困难；坚毅之人，可以战胜挫折；睿智之人，才能战胜寂寞。到了你意识到寂寞总会来，又总会过去，不但不因寂寞影响你向前赶路，反而凭借着它的翅膀飞越崇山峻岭时，你便不会再寂寞了。

通过具体有效的训练改变软弱的个性

你是否有下述情况？

别人让你做某事，你心里不愿意去做，却又不敢推却；

面对别人毫无根据的指责，你却讲不出一句反驳或解释的话来，只会躺在床上生闷气，甚至暗暗哭泣；

买东西时稍微挑了挑，你就怕售货员给你脸色，有时，你会买下你并不想要的东西；

感觉到自己的利益明显被侵犯了，在多数情况下，却忍气吞声，不敢声张……

你如果经常面临上述情况，那么你的个性就是软弱了。你不敢强硬起来的理由，或者是怕别人看不起，或者怕搞坏关系，或者自己也不知该怎么办。

心理学家认为，没有天生的怯弱者，一切怯弱的个性都是后天学来的。这也就是说，人的胆小，不敢维护自己的权益，不好拒绝别人，不敢大声讲话等行为表现，都是在不知不觉中学来的。但是，学来的行为可以通过学习而去改变它。现代心理学为改变不良个性和习惯提供了具体有效的训练手段。如果你想改变自己软弱的个性，不妨尝试一下。

不过在开始训练之前，必须注意如下三点：第一，你要问问自己，对软弱是否还有点儿留恋，或是还有那么点儿欣赏。若对自己克服软弱还有点儿“软弱”的话，你就不必试下去了。第二，你必须按部就班、不折不扣地完成下面的训练“作业”，不能漏做。否则，会毫无结果。第三，完成下面作业的某部分，也许对你来说是很困难的，但是如果你把它当作是在演小品，是在表演而不是真做，这样便可以忘记自己的身份，进入角色，做起来就会容易些和好一些。

改变自己软弱的个性的全部训练分为三个步骤，每个步骤可练习一到两个星期，通过几个星期的认真尝试和训练，你一定会发现自己的显著进步。

（1）向陌生异性问路

在你熟悉的地方，你假扮成一个初来乍到的问路者。请你看准一位从对面走来的同龄异性，你要不慌不忙地迎上去，两眼没有表情地看着对方，然后直接发问："请问，到最近的超市怎么走?"等对方回答后，你装作不懂的样子，再仔细地问一遍。这个表演一周完成 3 次，就算成功了。对于那些羞于同异性打交道的人来说，完成这项作业会产生从未有过的兴奋和欣愉感。

（2）向营业员换零钱

这比前面的"表演"困难一些，因为它给对方带来一定的麻烦，当然也给你自己一定的心理压力。你事先准备好 10 元钱到商店里去找一位面部表情冷漠、但较有魅力的异性营业员，两眼平视对方，直截了当地说："您能给我换 10 块钱的零钱吗?"不论对方的态度是好是坏，也不论给不给你换钱，你都要镇定自若地看着对方，表情越自然越好。只要按规定 3 次完成这种"表演"，就算通过。如果有半途而废的情况，就要补齐 3 次。

（3）学习争论

软弱的人必须学会表达自己的感受，尤其是要学会把情绪表达出来。为此，你必须学会争论。这个训练可这样进行：选择一个盛气凌人的同学或同事为对象，先就他经常强辞夺理或与别人争论的题目做好辩论纲要，并自己演习几遍。然后，找准机会与他争论，以锻炼你的表达能力，增强你的自信。

争论的结果可能有两个：一个是你战胜了对方，另一个是对方占了上风。如果是后面这种结果，只要你把准备的话讲了，便可面带从容的微笑着看对方的表现，或者干脆说："别再强词夺理了，我还有事，再见!"这种使你第一次勇敢地面对"强者"的训练，对你改变软弱是很有意义的。

以后，你可乘胜前进，继续训练，直到自己感觉良好和满意为止。

不过这种方法是有风险的，稍有不慎弄巧成拙，所以一定要谨慎，以不伤和气为原则。

第七章

依靠奋发向上的未来记忆跨过人生的种种障碍

梦想和现实之间，总有那么一段距离。在实现梦想的过程中，总会遇到种种障碍。只有充分相信自己，敢于依靠自己坚定的信念去拼搏的人，才可能成为生活的幸运儿。福楼拜说：“人的一生中，最光辉的一天并非是功成名就那天，而是从悲叹与绝望中产生对人生的挑战、以勇敢迈向意志那天。”不要逃避困难或恐惧的事情，更不要轻易被恐惧的事情所吓倒；坦然地面对恐惧，积极地寻找对策，才可能有效地消除各种危机，不断走向灿烂的人生。

面对障碍也要坚持自己的理想

有这样一个小男孩儿，他的父亲是位马术师。小男孩儿从小就必须跟着父亲东奔西跑，一个马厩接着一个马厩，一个农场接着一个农场地去训练马匹。由于经常四处奔波，男孩儿的求学过程并不顺利。

初中时，有一次老师叫全班同学写作文，题目是：长大后的志愿。

那天晚上，他洋洋洒洒写了 7 张纸，描述他的伟大志愿，那就是想拥有一座属于自己的牧马农场。他仔细画了一张 200 亩农场的设计图，上面标有马厩、跑道等的位置，然后在这一大片农场中央，还要建造一栋占地 400 平方英尺的巨宅。

他花了好大心血把作文完成，第二天交给了老师。两大后他拿回了，第一面上打了一个又红又大的“F”，旁边还写了一行字：“下课后来见我。”

脑中充满幻想的他下课后带了作文去找老师：“为什么给我不及格?”

老师回答道：“你年纪轻轻，不要老做白日梦。你没钱，没家庭背景，什么都没有。盖座农场可是个花钱的大工程，你要花钱买地、花钱买纯种马匹、花钱照顾它们。”老师接着又说：“如果你肯重写一个比较不离谱儿的志愿，我会给你打你想要的分数。”

这男孩儿回家后反复思量了好几次，然后征求父亲的意见。父亲只是告诉他：“儿子，这是非常重要的决定，你必须自己拿定主意。”

再三考虑几天后，他决定原文交回，一个字都不改，他告诉老师：“即使拿个不及格的分数，我也不愿放弃梦想。”

20多年以后，这位老师带领他的30个学生来到那个曾被他指责的男孩儿的农场露营一星期。离开之前，他对如今已是农场主的男孩儿说："说来有些惭愧。你读初中时，我曾泼过你冷水。幸亏你有这个毅力坚持自己的目标。"

这个故事是发人深省的。在生活中，当遇到各种障碍的时候，只有肯坚持自己理想的人，才有可能获得如愿的人生。

约翰·克利斯是一位多产的英国小说家，他写过564本书，但在此之前，他遭退稿将近1000次；玛格丽特·米契尔在《飘》出版之前所收到的退稿，也不少于此数；梵高在他有生之年，竟然卖不出他的画儿……

著名心理学家艾尔费烈德·艾德勒说："你愈不把失败当作一回事，失败愈不能把你怎么样。只要能保持个人心态的平衡，成功的可能性也愈大。"这是个很有力的建议：连失败都有正面的价值，说不定它还是对我们的奖赏呢。

大部分的人都有第一次骑自行车跌倒的经历，有些人也许是没有当选拉拉队队长或学生会成员，或是无法名列系主任赏识的学生名单，或是无法得到梦寐以求的职位而感到沮丧；也许我们烘的第一个蛋糕吃来味同嚼蜡，虽然如此，毕竟我们跨越了起点，并继续朝着人生旅途前进。我们还是再跨上自行车、努力钻研学问、欢欣地享受我们自己烤制的美味蛋糕。我们发现，即使当不上拉拉队队长，当观众也很开心。

如果能学会"失败了没关系，重要的是从中学到什么"，我们就会变得更聪明。许多伟人透过历史领悟到：人应该是成功而非失败的。如果能确信这一点，我们必然会充满信心，并且了解跌跤并不是什么可耻的事，而是迈向成功的另一个机会。重要的是能以勇气、决心和乐观的心境继续努力。

莎士比亚说："千万人的失败就失败在做事不彻底：往往做到离成功还差一步，便终止不做了。"经验教育我们：只要我们持续地用力敲门，它最后总会开的。

培养有助于战胜生活中各种困难的特质

英国劳埃德保险公司曾从拍卖市场买下一艘船，这艘船 1894 年下水，在大西洋上曾 138 次遭遇冰山，116 次触礁，13 次起火，207 次被风暴扭断桅杆，然而它从没有沉没过。

劳埃德保险公司基于它不可思议的经历及在保费方面给带来的可观收益，最后决定把它从荷兰买回来捐给国家。现在这艘船就停泊在英国萨伦港的国家船舶博物馆里。

不过，使这艘船名扬天下的却是一名来此观光的律师。当时，他刚打输了一场官司，委托人也于不久前自杀了。尽管这不是他的第一次失败辩护，也不是他遇到的第一例自杀事件，然而，每当遇到这样的事情，他总有一种负罪感。他不知该怎样安慰这些在生意场上遭受了不幸的人。

当他在萨伦船舶博物馆看到这艘船时，忽然有一种想法，为什么不让他们来参观参观这艘船呢？于是，他就把这艘船的历史抄下来和这艘船的照片一起挂在他的律师事务所里，每当商界的委托人请他辩护，无论输赢，他都建议他们去看看这艘船。它使我们知道：在大海上航行的船没有不带伤的。虽然屡遭挫折，却能够坚强地百折不挠地挺住，这就是成功的秘密。

在现实生活中，为什么那么多人在困难面前低头，不经过全身心的努力就轻易放弃呢？怎样才能改变这种不利的局面呢？心理学家为我们提出了如下建议：

(1) 激发足够的热情

黑格尔说："没有热情，世界上没有一件伟大的事能完成。"美国《管理世界》杂志曾进行过一项调查，他们采访了两组人：第一组是高水平的人事经理和高级管理人员，第二组是商业学校的毕业生。

他们询问这两组人，什么品质最能帮助一个人获得成功，两组人的共同回答是"热情"。

热情之于事业，就像火柴之于汽油。一桶再纯的汽油，如果没有一根小小的火柴将它点燃，无论它质量再怎么好也不会发出半点儿光，放出一丝热。而热情就像火柴，它能把你具备的多项能力和优势充分地发挥出来，给你的事业带来巨大的动力。

一位哲人指出，所谓热情，就像发电机一般能使电灯发光、机器运转的一种能量，它能驱动人、引导人奔向光明的前程，能激励人去唤醒沉睡的潜能、才干和活力，它是一股朝着目标前进的动力，也是从心灵内部迸发出来的一种力量。要成就一项伟大的事业，你必须具有一种原动力——热情。

(2) 提高自己的适应能力

适应性关系到一个人处理压力的能力，这是因为人的压力主要发生在他进行转变或改变的时候。成功者不仅有能力去适应转变，而且能促进转变。

这个本质的本质，就是参加冒险的能力。高水平的成功者知道，转变与冒险是相互伴随的，对成功者来说，顺时地转变不仅是需要的，而且往往是必不可少的。因而，一个人如果要想获得成功，就一定要能够适应这种转折性变化。

(3) **树立自信，扭转悲观情绪**

独木桥的那边是结满硕果的果园，自信的人大胆地走过去采摘自己喜爱的果实；而缺乏自信的人却在原地犹豫：我是否能走过去？——而果实，早已被大胆行动的人采光了。

自己都信不过自己，别人怎么能相信你？几乎任何一个成功者都充满自信。强烈的自信心能鼓舞自己的士气，在许多时候会取得意想不到的效果。

美国政坛巨头哈瓦·法勒斯曾经说过：“对一个人、一个企业、一个政府部门来说，乐观和热情就像克服摩擦的润滑剂一样。乐观能使人对新的选择或方案保持开放，能够使人以一种愉快的心情和积极心态来看待和处理他所面对的事情。”相反，情绪悲观，则让人始终沉浸在郁闷、消极的心境里，不能正确对待新的挑战。

你和你那合作伙伴中的任何人一样，既有在合作中竞争胜利的可能，也有失败的可能。胜利了，固然可喜可贺；但失败了，一定要想得开。你必须明白：阳光不可能每时每刻都照耀着你，而不去照顾一下别人，每个人都会经历到竞争失败的结果。即使失败了，自己的情绪也应该乐观，不要始终沉浸在悲观之中，好像觉得自己永无出头之日一样。

你如果在你合作的竞争中被对手打败，你不妨笑着面对现实，并且向你的合作者兼竞争者表示友好和祝贺，这既能在你的合作者中显示出大将风度，又能增添自己战胜失败的信心。

你在一次竞争中失败了，并不意味着你以后一次一次竞争都会失败。你失败了后，在保持乐观情绪的情况下，认真总结经验，分析自己失败的原因，你的竞争对手获胜的原因，那么在下一次较量中你很有可能尝到胜利的滋味，把失败的痛苦留给了你的竞争者。

相反，如果你一旦失败，悲观低沉，一蹶不振，那么，你在下一次竞争中会再次名落孙山，那就真的永无出头之日了。

（4）集中全部精力

无论做任何事，“三心二意”都是一大障碍。不把全部精力集中在你要做的事情上，而去想其他无关系要的事情，心猿意马，难免会在你想的事上分散精力。而一个人的精力是有限的，没有足够的精力投入到事业上去，那么这项事业肯定是要失败的。专心致志的人总是受到人们的欢迎，他的事业往往也会比三心二意的人成功的机会大。

把你的意志集中于现在时刻，就会大大加强你自己的能力，就如同激光的强力在于集中一样，假如你能专心致志于你现在正在进行的事情上，你将变得更有效率。

（5）培养坚忍不拔的精神

大多数成功者之所以能够成功，就在于他们始终如一地在自己的事业上坚持下来。

美国社会学家特莱克考察了他所遇到的所有企业家，发现他们具备一个共同点：那就是坚忍不拔的精神。

成功取决于坚持不懈的探索，正如一位成功学大师所说：“在道路的每个拐弯、曲折的地方，我们必须坚持住，因为绕过下一个拐弯、下一个曲折，可能就是我们所期望的目标。”

遭遇挫折和冷遇时保持一种拼搏的激情

到过美国黄石公园的人，都会记得那里有大片大片茂密的松树林，其中最常见的一种松树叫“屋梁松”，因为它最适合做房屋的栋梁而得名。这种松树的松塔可以挂在树上好几年也不脱落，而且屋梁松松塔的鳞片结构特别紧密，即使落在地上，在狂风烈日下鳞片也不会张开。这些鳞片只有在强大的高温作用下才会绽开，释放出种子。

春季到来天气转暖，当别的种子在沃土中生根发芽，甚至长成树苗的时候，屋梁松的种子仍然被紧紧地包在松塔里，过着暗无天日、与世隔绝的生活。如果你是一颗屋梁松的种子，是否会叹息命运不公，诅咒束缚自己的松塔呢？

然而，大自然这样的设计是有道理的。夏末秋初，如果当年雨水少，森林中发生山火的可能性相当大。在山火来临的时候，整片整片的树林被烈火吞噬。同时大火的高温也打开了屋梁松松塔的鳞片，释放出储备已久的种子。由于有坚固的种皮保护，这些种子可以平安渡过危险。

山火过后，被烧过的动植物为土壤留下了丰富的养分。由于没有其他树木的竞争和遮蔽，这里的空间、日光、水分也异常充足，为屋梁松的种子创造了最适合的生长环境！第二年春季，在一片灰烬中，这些希望的种子破土而出，不久漫山遍野就全是屋梁松的幼苗了。

正因为每次火灾过后，屋梁松总能最早占领“地盘”，它们渐渐成为黄石公园里分布最广的树种之一。这一切都是那些把种子锁在黑暗里的松塔的功劳！

遭遇挫折和冷遇时，请不要为怀才不遇而懊恼，也不要怨恨环境的束缚，这或许是你在积蓄力量，等待时机。只要拥有希望的种子，总有一天，它会发芽、壮大的。

一位心理学教授曾经说过："你不可能遇到一个从来没有遭受过失败或打击的人。"他发现，人们成就的高低，和他们遭到失败和打击的承受能力成正比。他还有另外一项重要的发现：真正伟大的成功者，往往是年逾半百的人。他说："人们在50～70岁之间，遭遇到人生的种种磨难，智慧达到最高峰，对自己各方面的能力都有很强的判断能力，更重要的是他们能够树立坚定的信心。"

马歇尔·菲尔德的零售店在芝加哥大火中烧毁了，所有的家产付之一炬。面对这个令人沮丧的场景，他却指着燃烧中的灰烬说："我要在这个地方，开一家全世界最大的零售商店。"他做到了。在芝加哥的史笛特街及鲁道夫大道的交汇处，人们至今依然可以看到马歇尔·菲尔德的公司巍然矗立着。

美国《成功》杂志每年都会报道当年最伟大的东山再起者和创业者，他们的传奇经历中有一个相同的部分，那就是他们在遇到强大的困难和逆境时始终保持乐观的态度，从不轻言放弃。

同样，有人在对上千家保险公司和为数众多的代理人进行长达5年的研究中发现，对待逆境的态度，在很大程度上决定了一个保险代理人是否能够成功。乐观的销售人员卖出的保险单，要比悲观的销售人员多88%——尽管他们的才华差不多。

在追求成功的道路上，许多人缺乏正确面对逆境的态度。他们遇难而退，他们拒绝一切机会，他们忽略、掩盖甚至放弃人类内在的追求进步的本能要求，以及生活给予的许多东西。生命蕴藏着巨大的潜能，在逆境中愤然崛起也是其中一项。不能正确面对逆境的人，就是忽视了生命中这种潜能的人，是在有意或无意中逃避自己的人。

逃避逆境者往往想过那种得过且过的生活，他们会说："这就足够了。"他们找到一些堂而皇之的借口放弃了梦想，放弃了追求，选择了自认为是一条平坦、较轻松的人生道路。但是，随着时间的推移，事实恰恰相反，他们将付出更大的代价，可能会遇到更大的逆境。逃避逆境者遭受的痛苦比他们直面挑战、勇敢地面对现实而承受的痛苦大得多。毫无疑问，一个人可能面对的、让人肝肠寸断的最痛苦的时刻，莫过于回首平庸辛酸的一生。

只有那些敢于面对逆境的人，才能收获成功。这种人不畏艰难，在逆境面前保持微笑，并将一生定义为“面对逆境的挑战”的过程。他们永往直前，无论环境有利还是不利，人生幸运还是不幸，他们都不会停止前行。他们在逆境面前保持一种生命激情，决不让年龄、性别、身体缺陷，或者任何其他障碍，阻挡自己去实现成功愿望的脚步。

成功者往往具有坚定的信念，每当他们遭遇困难时，这种信念就会释放一种巨大而神秘的力量拯救他们。他们坚韧、顽强而有弹性，心中完全没有退缩的概念。对待逆境，他们有自己的解决方法，他们会不断调整自己前进的方向，寻找更合适自己的道路。

敢于拼搏的人，几乎能扫除一切障碍

面对困难秉持正确的态度十分重要。困难的威力往往取决于当事人的态度。如果你害怕它，畏缩不前，不敢正视，那么，它就会吃掉你；但是，如果你毫不畏惧，敢于正视，它就会落荒而逃。对于懦弱和犹豫的人来说，困难是可怕的——你越犹豫，困难就越发可怕，越发不可逾越；但当你无所畏惧时，困难将会向你低头。

向困难屈服的人，必定一事无成。一个人的成就，与他战胜困难的能力成正比。他战胜的困难越多，取得成就越大。

成就平平的人，往往是善于发现困难的“天才”，善于在每一项任务中都看到困难。他们莫名其妙地担心，使自己丧尽勇气。一旦开始行动，就开始寻找困难，时时刻刻等待困难出现。当然，最终他们发现了困难，并且为困难所击败。他们善于夸大困难，缺少必胜的决心和勇气。面对困难，总是希望别人能帮助他们，给他们支持。如果机遇总是不曾垂青他们，他们总是找不到自己喜欢做的事，那他们就承认自己不是环境的主人，他们不得不向困难低头，因为他们自认没有足够的力量。

那些只看到困难的人，有一个致命弱点，就是没有坚强的意志去驱除障碍。他们没有下定决心去完成艰苦的工作。虽然他们渴望成功，却不想付出代价。他们习惯于随波逐流，浅尝辄止，贪图安乐，胸无大志。

意志坚定、行动积极、决策果断、目标明确的人，才能排除万难，勇敢地向着自己的目标前进，去争取胜利。成就大业的人，面对困难时不会犹豫徘徊，不会怀疑自己是否能克服困难，他们总是能紧紧抓住自己的目标。一旦认定自己的目标是伟大而令人兴奋的，他们会坚持不懈地去努力，暂时的困难微不足道。

贝内特在40岁那年拿出了全部财产——仅有的300美元，在一间简陋的小屋中开始了他的事业，他把一张木板搭在两个圆桶上做办公桌。他身兼数职——既是打字员又是勤杂工，既是出版商又是记者，既是小职员又是编辑，既是校对者又是印刷工。就这样，他开始了创办《纽约先驱报》的历程。起初，他试图沿用一般的做法，但经历了无数次的尝试和失败后，他决定走出一条自己的路。在不怕困难的思想支撑下，他最终获得了巨大的成功！

伟大的人物往往只关心一个问题：“能完成吗?”他们相信，不管有多少困难，只要事情是可能的，困难就能克服。

一个会取得成功的人，也会看到困难，但却从不惧怕，因为相信自己能战胜，他相信勇往直前的勇气能扫除一切障碍。

对拿破仑来说，阿尔卑斯山算不了什么，并非阿尔卑斯山不可怕，冬天的阿尔卑斯山几乎是不可翻越的，但拿破仑却觉得自己比阿尔卑斯山更强大。虽然在法国将军们的眼里，翻越阿尔卑斯山太困难了，但是他们的领袖的目光却早已越过了阿尔卑斯山上的终年积雪，看到了山那边碧绿的平原。

路易莎·奥尔科特用她的笔赚了20万美元。但是，当她第一次感到自己具有这种才能的时候，她的父亲递来一张纸条，那是《亚特兰大》的编辑菲尔德先生写给他的：“叫路易莎继续教书吧！她在写作这一行永远不会成功。”奥特科特说：“告诉他，我一定会成为一名成功的作家，有一天我会为《亚特兰大》写稿的。”不久，她为《亚特兰大》写了一首诗，连朗费罗都以为是爱默生的作品。

她在日记中写道：“20年前，我决心用自己的力量还清家里欠的债，40岁那年，我做到了：债务全部还清了，包括那些按照法律无需归还的部分，我们还有足够的钱过舒适的生活——尽管这稍稍有损我的健康。”

我们应该认识到，一个人开始迈向成功的转折点，通常是由挫折或失

败所决定的。有了这个认知之后，你就不必再将挫折看成是失败，而应把它看成是一个暂时性的，而且可能会带给你祝福的事情。

在工作和生活中遇到困难是难免的。一般人经过短暂的努力之后，会感到很疲倦，然后就想半途而废。其实，自然所赋予人的巨大精力绝不仅止于此。人只要多努力一点，就可以获取这些能量。就像汽车的加速器一样，只要我们用力踩下去，便会产生巨大的冲力。人也是一样，只是我们多督促自己一些，便会发现自己潜藏着无限精力。一旦我们真正去推动自己，去发掘自己隐藏的潜力，必会得到惊人的效果。

记住：人生就是一场搏斗。敢于拼搏的人，才能成为命运的主人。

把困难当作磨炼，发掘问题中积极的可能性

失败者和成功者对待生活和困难的态度是不同的。失败者总想找捷径，但赢家以达成目标为信念，卷起袖子来努力迎接挑战。

失败者认为他在做一件工作，赢家则认为自己是人类的一部分，而工作是他们对一个更好的世界的贡献。英国伟大的戏剧家萧伯纳说：“我相信我的生命属于全人类，去做任何我能做的事是我的特权。我工作得越辛苦，活得越有劲。我为生命本身欢呼。生命对我而言不是一根短短的蜡烛，它是一个壮观的火炬。我可以把持一会儿，我要在交给下一代之前，让它大放光明。”

这是一种怎样的态度！具有这种精神的人生活怎会变得无聊，工作怎会沉闷？

赢家视困难为机会，对他们而言，每件事都是一个机会。

你的每个问题，对你自己或对他人来说，都有某种积极的、创造性的可能性。毕竟，一枚硬币总是会有两面的。也就是说，任何问题都有好的一面与坏的一面，而且，某些事情对你来说是问题，对他人来说则可能是有利可图的事业。人类的每个问题都有其积极的可能性，有待有心人来发掘利用。

对人类而言，每个困难都是一种磨炼。没有人能不受困境所影响；也没有人在解决困难后不长一智或无动于衷的。

杰克是一个非常干练的推销员，他的年薪有 6 位数字。但很少有人知道他原来是历史系毕业的，在干推销员之前还教过书。

杰克认为自己是个很没趣的老师。由于他的课很沉闷，学生个个都坐不住，所以，杰克讲什么他们都听不进去。他之所以是没趣的老师，是因为他已厌烦教书生涯，毫无兴趣可言，但这种厌烦感却在不知不觉中也影响到学生的情绪。最后，校方终于不与他续约了，理由是他与学生无法沟通。其实，杰克是被校方免职的。当时，杰克非常气愤，所以痛下决心，走出校园去闯一番事业。就这样，他才找到推销员这份胜任并且愉快的工作。

真是“塞翁失马，焉知非福”。如果杰克不被解聘，也就不会振作起来！基本上，他是很懒散的人，整天都病恹恹的。校方的解聘正好惊醒他的懒散之梦，因此，到现在为止，他还是很庆幸自己当时被人家解雇了。要是没有这番挫折，他也不可能奋发图强，闯出今天这个局面。

生活的战斗在大多数情况下都像攻占山头一样，如果不费吹灰之力便赢得它，就像打了一场没有光荣的仗。没有困难，就没有成功；没有奋斗，就没有成就。困难也许会盯住懦弱的人，但对有决心和勇气的人而言，它是一种受欢迎的刺激。所有的生活经验都是用来证明那些阻挡人类进步的障碍，会被坚定的善行、积极、坚忍以及克服困难的决心和勇敢所克服。

成功者都有强烈的欲望要把事情做好，他们认为取得成就是非常重要的，并且拼命去争取。他们不管自身的潜力大小，总是充分加以发挥，用尽他们的所有力量。他们即使去做极小的事情，也会集中精力去做得尽善尽美。

以积极的心态去从容地应对每一次失败

生活中每个人都会不断产生各种各样的需要：一般包括生理需要和社会需要，如人体内缺乏水分，感觉渴，于是就会产生补充水的需要；人缺少朋友感觉寂寞，就会产生交往的需要等。需要是人活动的基本动力和源泉，在需要的推动下人们就会产生动机，引导人们的行为，指向一定的目标并力求实现这一目标。人类社会生活的实践表明，只要人存在着，就会产生种种需要，就会因需要得不到满足或目标无法实现而产生挫折。

对于没有经过多少挫折锤炼的人来说，每一次小小的失败就很容易被放大。在他们的头脑中，很容易有这样的意识：“被人批评等于失败和丢脸，是件头等不光彩的事。”这是需要重新正视的。因为一个人只要做事，就难免会犯错误——除非这个人什么都不干，只去指责别人。而一个独特的人，也难免会被不同的意见所批评，问题是被人批评和遭遇挫折根本就是人生的常态，甚至就是通往成功的一扇扇大门。

关键是要以一种积极的心态去面对。不要浪费时间去为已经无法改变的事情担忧，因为忧愁对事情毫无助益。分析眼前的情况并寻求解决的办法更加重要。而且任何事情都不是一成不变的，而是随着时间的推移在不断地发生变化，明白这一点，你就会乐观起来。

在日常生活中，不妨遵循专家总结的下面的“五步法则”，去从容地应对每一次失败，每一个挫折。这样，你就能逐渐成熟和坚强起来。

（1）放松心态，冷静面对

一个人无法永远控制形势，但是，可以选择面对困境的态度。不管你做得有多么的糟糕，都要知道挫折是任何人都无法避免的，这个认识有助于你正确地去理解和面对挫折。而且，事实上，几乎没有任何一件事情会像想象的那么糟。

很多人之所以无法做到坚忍不拔，往往是因为自己先把自己的精神给压垮了，想象中的问题，永远比真实存在的问题严重得多。良好的心态，是解决一切问题最重要的前提，有什么样的思想，就会有什么样的行为。而积极的心态和认识正是积极的行为前提。

（2）要重视挫折，及时总结经验，想出更好的改进办法

每一次挫折，都要积累经验，知道下一次怎么样可以做得更好一点，然后把这个教训牢牢地记在心中，并且永远不要在同一个地方摔倒两次。教训正是挫折所能给人的最大的教益，或者说，经验也正是由此积累而来。如果必要的话，你还要把这些教训用一个专门的本子记下来，并时常温习，因为人类是很容易“好了伤疤忘了疼”的。只要你耐心地去总结，不断地去找出改进的方法，你就会变得越来越成熟，越来越聪明，越来越有职业和人生的经验，而且越来越少地犯不必要的错误。

（3）勇敢地去承担后果，同时还要原谅自己

新的机会每天都在出现，但是没有什么比背着沉重的精神包袱，更能伤害一个人的健康和意志了。而一个人如果不能勇敢地面对问题，也就无法原谅自己，他就永远活在了过去，而无法去面对明天和未来。比起昨天的挫折和失败，更加重要的是接下来你的所作所为，因为这才决定明天你会收获什么。

（4）**用最快的速度行动起来，全力以赴地去做下一件事**

行动，是摆脱沮丧最好的办法。哪怕是最微不足道的行动，都是治疗心理创伤最好的办法。情绪无法被理智说服，但却往往被行动所改变，这是人类最奇妙的现象之一。即便你只是收拾了一下家务，做了一顿美味的饭菜，出去散散步，在大自然中运动了一会儿，都会使你的状况和心情有所改观，而这份小小的成就感，可以重新帮助你找到自信。

（5）**让时间来帮你的忙**

看看是否还有办法去补救或挽回，如果面对的是一时无法改变的局面，就要努力去忍耐和等待，并相信时间一定会帮你的忙。

请记住：面对挫折，不要怕，因为胆小的人一事无成；也不要悔，因为成长必然要付出代价。

抛弃灰暗悲观思想，呵护好心情

你是不是常常这样想："事事总是不如我愿"，"我一定无法准时做好的"，"我老是把事情弄得一团糟"。要是你的思想灰暗悲观，你的一生也注定会是如此，因为你那些消极泄气的话根本不能给你什么支持鼓励，只会打击你的自信心。

要想心情好，事业顺利，凡事就得要向好的方面想。下面是一些可供参考的建议：

（1）客观地分析忧虑和害怕的事

苏珊第一次去见她的心理医生，一开口就说："医生，我想你是帮不了我的，我实在是个很糟糕的人，老是把工作搞得一塌糊涂，迟早会被辞掉的。就在昨天，老板跟我说我要调职了，他说是升职。要是我的工作表现真的好，干吗要把我调职呢?"

可是，慢慢地，在那些泄气话背后，苏珊说出了她的真实境况。原来她在两年前拿了个工商管理硕士学位，有一份薪水优厚的工作。这哪能算是一事无成呢?

针对苏珊的情况，心理医生要她以后把心里想到的话记下来，尤其在晚上睡不着觉时想到的话。在他们第二次见面时，苏珊将列下的话拿出来，念道："我其实并不怎么出色，我之所以能够冒出头来，全是侥幸。""明天定会大祸临头，我从没主持过会议。""今天早上老板满脸怒容，我做错了什么呢?”

她承认说：“单在一天里就我列下了 26 个消极思想，难怪我经常觉得疲倦，意志消沉。”

苏珊把自己忧虑和害怕的事念出来，才发觉到自己为了一些假想的灾祸浪费了太多的精力。

如果你感到情绪低落，可能是因为你也像苏珊那样，老是在给自己灌输消极的信息。如果是这样，建议你听听自己内心在说的话，把这些话说出来或写下来。久而久之，你就会发现许多消极的念头都是多虑，你便能控制自己的思想，而不是被消极的思想套牢了。到了那个时候，你的思想和行动也会改变。

（2）剔除自我评价的消极字句

詹妮在心里常常对自己说：“我只是个秘书”；马克则常提醒自己：“我仅仅是个推销员”。“只是”和“仅仅是”这些字眼不但贬低他们的工作，也贬低了他们自己。

把消极的字眼剔掉，你便能找出你给自己带来的损害。对詹妮和马克来说，“只是”和“仅仅是”正是罪魁祸首。一旦这些字眼剔除掉了，变成：“我是个推销员”，或：“我是个秘书”，它们的含义就大为不同了。而且在后面还可以接上一些积极的话，例如：“我可以干得比别人好些”。这样你对生活就会充满信心。

（3）果断地打消消极的想法

只要消极的想法一出现，你就应该用“停止”的口令，把它打消。

在理论上，叫停很容易办得到，但实际做起来可并不那么简单。你必须坚毅不挠，才能奏效。

文森 20 多岁，未婚，在一家大公司担任行政主管，工作勤奋。小时候母亲过世，由父亲抚养成人。父子俩相处得很融洽，但他父亲对他事事呵护备至，给文森填了满脑子的忧患意识。文森长大后也这样，以致凡事都要忧虑一番。

他很倾慕同部门的一位女同事，很想约她外出。但他的疑虑使他踌躇不前："跟同事约会是不大好的"，或："要是她不答应，那教人多么难为情"。

后来文森遏止了内心的忧虑，向她提出约会，她说："文森，为什么你等那么久才来约我?"

(4) 不去想令人心烦的事

有个人这样诉说他自己的体验："每天晚上，我躺在床上总是睡不着，思潮起伏：'我对孩子是不是太严苛?''客户打来的电话我回了没有'?

"最后，我实在忍受不住了，干脆不去想令人心烦的事，而是回想和珍妮在动物园一起渡过的快乐时刻，我记得她对着猩猩大笑的样子，不久我脑海里全是些美丽回忆，我也跟着进入了梦乡。"

(5) 改变自己的思考方向

你可曾有过这样的经验：一天下来，你感到不大开心，但突然有人对你说："我们出去逛逛吧?"你的心情定然立即豁然开朗起来。改变思考方向，心境也会轻松起来。

现在就把自己的思考方向改变一下。如果你精神紧张，是因为有项庞大工作必须在星期五完成，而你打算在星期六和朋友一起去买东西。那么，就把自己的心情由"星期五的工作"转为"星期六的寻乐"吧。

你应该多练习这种技巧，把痛苦焦虑的心情转化为积极解决难题的态度。要是你乘飞机老担心发生空难，那么就在飞机起飞或降落时，专心观察机场附近灯火和道路织成的图案。在飞行途中，想一些地面上能分散你精神的事情。

改变你的思考方向，你便能学会从不同的角度来看自己和周围的事物；要是有一件事你认为是做得来的，改变思考方向可增加你的成功机会。

记住：忧虑会使你陷于困境，而处事乐观会推动你向前。

从更加积极的角度去评估自己的遭遇

任何人生遭遇所代表的意义，全取决于我们为它所配的框框。当你换了个框框（角度），意义就随之而变。所以，要想改变个人最有效的工具之一，就是要懂得如何为自己的遭遇配以最好的框框。这种认知的过程，心理学家称之为“重新框视”。

重新框视最基本的功能，就是借着认知框的改变，使个人的消极心态转化为积极心态。它分为转位式重新框视和转意式重新框视两种，都是经由转化内心痛苦或冲突以达成心境的改变，进而造成积极进取的心态。

转位式重新框视是把在甲方面看来是缺点，但经移转到乙方面来看，却是优点的认知方式。在儿童文学中，我们经常可以看到这类故事。例如，鲁道夫的红鼻子虽是人们取笑的目标，但在昏暗的雪夜里却十分突显，成为大家的英雄人物；另外，像丑小鸭之长相跟其他的鸭子不同而被视为怪异，其实在它长大之后，才发现是一只美丽的天鹅。

许多伟大的创新，就是在别人认为无用之后，经过重新框视而发现它潜在的用途。例如，石油在早期曾被视为会破坏土地、妨碍农作物生长，可是看看今天它对我们的影响有多大！数年之前，锯木厂不知如何处理庞大的木屑，而深感苦恼，这时，有位老兄想到一个处理方法，就是把木屑和胶水混合，经过压合后制成某种合板。在他的公司与锯木厂签约后不到两年的时间，这家未花分文材料的公司，就成为了年营业额达数百万美元的企业。

什么人是生活中真正的成功者呢？那就是能化腐朽为神奇的人，他们是能重新框视的专家。

转意式重新框视就是把现有情况赋予新的意义。例如，你嫌自己的孩子话多，终日闭不了口，而从这种观点重新框视后，你应该认为他之所以话多，乃是因为太聪明了。

有一位将军在遭遇敌人猛攻后撤退，曾对他的部队说："我们并未撤退，只是换个方向前进。"他这番重新框视撤退的故事，为后人津津乐道。当我们的亲人过世，必有不少人会因亲人的丧失，内心难过。可是也有的人却看得很开，因为他们对死亡重新框视，认为死者将与他们永远同在，他们的死亡只是更高层次的存在。

另外一种转意式重新框视，就是改变自己所见的、所听的。如果你不满别人所说的，不妨臆想成他是用你最喜爱的歌星的语调跟你说话；或者你也可以在脑海里浮现他刚才说话的情景，不过这次在那人的周围涂上你最喜爱的颜色；或者你可以臆想成他正为刚才所说的话而向你道歉；更或者你把自己臆想成是高高在上，在听他胡说八道的国王。凡此种种重新框视，可以改变那件事对你的意义，并且改变你的心境和行为。

你回想一下在以前所曾犯下的大错，很可能你会认为那些都是一场噩梦，不过这些错误也可能就是你未来成功所不可少的动力。你再想想看，从那些错误中所得到的教训，是不是远大于其他的许多事呢？

对于所犯的错误，你可以耿耿于怀，也可以重新框视从那错误所学到的宝贵教训。人生的任何遭遇，都具有多重意义，至于对你是哪一种，全看你打算从哪个角度去框视。要想成功，就是不论任何遭遇，你都能配上一个能够帮助你奋起的框框。

有什么命运是你不能改变的？有什么遭遇是你不能避免的？你是命运的奴隶，还是它的主人呢？需要强调的是，你是自己的主宰，可以掌握自己的思想，更可以创造自己的人生。你若想扭转任何情况，最好的办法便是重新框视它，那么结果便会是你所愿的了。

比如，你可以花点儿时间重新框视下列情况：

老板经常对我大声吼叫；今年要比去年多缴 4000 元的所得税；今年我

没有多余的钱去买圣诞礼物；每次都快成功了，就被我弄砸了。

下面是一些可能的重新框视的方法：他能告诉你他的感受，真好，这表示他还十分看重你，否则他早就把你给开除了；好极了，你今年一定是比去年收入得更多；太好了！你能有机会发挥想象力，做出一些人们想不到的礼物，而不需买那些无特色的礼物；你能察觉出过去之所以会失败，实在是太好了。现在你有机会找出原因，并且记得永不再犯。

重新框视对于自我认知和摆脱逆境有很大帮助的，它让我们得以知道如何面对困难的事情，产生新的、积极的情绪，鼓舞自己去努力，去拼搏，直至将不良的环境得到改善。

以主动进取的态度和勇气去面对危机

我们每个人都曾被不同程度的危机折磨过，但你如果要过一个有意义的人生，就得面对危机，并将危机逆转为对自我的重认与成就，而不是过失或挫折。事实上，真正能给你带来领悟、体会和有价值的东西，多数都是有些难处和麻烦的。当我们以自己的怜悯与自尊去克服绝望时，我们事实上已经战胜了这些挫折。

记住，在面对危机时，必须以我们的价值观与勇气号召心理上与精神上的力量，来确定我们在社会上的价值，绝不可让绝望把我们带向孤独。面对危机时，我们必须以勇气去迎接它，绝望没有出路。

任何未来的日子都是新生命的片断，绝不可轻言放弃。尤其不可在尚未完全绝望时，轻言放弃任何未来的日子。

休·凯西是最成功、最冷静、善于解围的投手之一。有人曾问他在球赛的关键时刻上场时有什么想法，他说："我永远是想着我要干的事和我希望发生的事，而不去想击球手要怎么样，或者我将面临什么情况。"他说，他把注意力集中在他希望发生的身上，觉得自己能使它发生，而事情往往就是这样发生了。

这种态度同样是在危急时刻做出良好反应的重要关键。如果我们面临危机时，能采取主动进取的态度，而不是消极防御的态度，危机本身就可以作为一种刺激物来释放你的潜在力量。

一位著名的神经病学家曾深入研究过在危急时刻对普通人产生极大帮助的非凡力量——身体上的、心理上的、感情上的和精神上的力量。他说一个十分平凡的人在紧急情况下，也能忽然产生力量进行自助，这种方式是非常奇妙的。我们过着拘谨的生活，避开困难的任务，除非我们被迫去做或者下决心去做时，才会立即产生一种无形的力量。我们面临危险时，勇气就产生了；被迫接受长期的考验时，就发现自己拥有持久的耐力；灾难最终造成我们惧怕的后果时，我们会发现内在的潜力，仿佛是出自永恒手臂的力量。一般的经验告诉我们，当形势特别需要我们的时候，只要我们无所畏惧地接受挑战，自信地发挥我们的力量，任何困难都是可以克服的。

关键在于“无所畏惧地接受挑战”和“自信地发挥我们自己的力量”这种态度。这意味着保持一种进取的、追求目标的态度，而不是防御的、退避的或消极的态度。“不管发生什么情况，我都能应付自如，或者看到解决问题的方法”；而不是“我希望什么事情也别发生”。

这种态度的关键是保持目标定向，把自己的积极目标在心中牢牢固定下来。你希望“通过”危机体验来达到你的目标。你保持原来的积极目标，不因为危急情况而转入第二个目标——逃跑、躲藏和回避的欲望。或者用威廉·詹姆斯的话来说，你的态度是“战斗性的”，而不是恐惧和逃避的态度。如果你能这样做，危急情况本身就可以作为一种刺激，来释放额外的能量，帮助你达到目标。

采取有效手段，战胜挫折摆脱困境

在美国德克萨斯州达拉斯市近郊，一个失去父母的男孩儿每天都在凝视那分隔开他家那幢摇摇欲坠的木屋与格伦湖乡村俱乐部高尔夫球场的篱笆。一个只念到初中一年级的贫穷墨西哥裔男孩儿，有什么机会打进那个世界呢？

但是这个男孩儿有决心。首先他去做园丁，于是就有机会进入高尔夫球场了。然后他去当杆弟，黄昏时自己打几个洞。他用胶布包住汽水瓶来打球，练习推杆。他就是李·崔维诺。

后来，李·崔维诺获得了美国高尔夫球公开赛的两度冠军，他已成为了许多美国年轻人心目中的英雄。

不错，崔维诺确有天赋。可是，崔维诺首次参加美国公开赛时，打出了丢脸的第 54 名。那时令他坚持不放弃的，不是天赋，而是锲而不舍的毅力。

坚毅的人都知道，即使更聪明、更能干的人，也有不能成功的事，但他们成功了。如果你效法他们，你也可以成功。正如作家克里斯多夫·摩雷所说的：“大人物只是屡败屡战的小人物而已。”

不管在生活中还是工作中，都难免遇到挫折和困难。这时，我们一方面要积极寻求摆脱困境的办法；另一方面还要坚信：没有涉不过的水，没有翻不过的山；终有日出云开的时候，明天必将迎来灿烂的曙光。

由于生活中的挫折和困难是五花八门的，没有一种魔法能够应对所有的困难。但是，有关学者提出的以下几点常识性的建议是有益的：

（1）不回避问题

那种把被子拉起来捂住自己的头、希望困难自己溜走的做法是不足取的。一旦你自己承认，有什么问题迫在眉睫，你就能动员你内在的巨大的防御力量。所以，应该睁大眼睛瞪着困难，衡量困难的大小，对它进行分析。那时，你就会觉得，困难并不如它外表看起来那样可怕。

（2）正视自己

人们常常由于自身的问题而陷于困境。一位心理学家曾遇到一些人到他那里去诉说他们在公务或者经济上遇到的苦恼。经过详细地讨论，结果他发现他们是由于道德上的过失而深感内疚，从而使他们的判断力受到削弱，他们的能量发生短路。不错，他们是处于困境，但是他们必须先认识并且对付他们本身的问题，然后才能够对付困难。

（3）采取某种行动

行动是自信心的伟大缔造者。缺少行动不仅是畏惧的结果，而且也是畏惧的原因。采取行动也许你能获得成功，也许结果不尽如人意，但是它总比坐以待毙好得多。

（4）不要害怕寻求帮助

一个普通的人虽然不是专家，但往往也能给你帮助。只要他同情地聆听你的倾诉，或者给你以鼓励。一位美国作家在遭受一连串严重的个人打击之后，认为自己再也不能写作了。他把这一切都告诉了他的一个朋友，并且加上一句：“别对我说那些陈词滥调或者什么劝告，我作为一个作家已经彻底完蛋了。”

“那好，”那个朋友说，“我不给你什么劝告。但是我要给你说说我曾经读过的关于诗的一些问题，诗歌是密尔顿成为盲人之后所见到的。”

那个朋友所说的不过如此。但是，这个作家却回到了他的打字机旁。今天，他已经是举世闻名了。

有人认为遇到困难是丢人的事，想千方百计地加以掩盖。有人则说：“这是我个人的问题，应当由我自己处理。”这两种态度都是错误的。事实上，没有任何人是真正靠自己就能解决一切问题的，谁都需要帮助，在我们生活的每一天中都需要别人的帮助。而且几乎在困难的所有领域内，都有能够帮助你的专家——包括医生、律师、老师等等。你的问题如果是一个相当普遍的问题，那么，很可能曾经经历过这种困难的人已经组成了一个团体。比如说，有过酗酒问题的人、家里有智力迟钝的孩子的人，这些人都曾经面对困难，并且都坚持挺过来了，他们已做好准备去帮助别人面对同样的困难。

（5）不要对困难一见钟情

困难经常向我们显示出一种令人感伤的价值，它能对懦弱的自我起一种抚慰的作用，它也能变成失败和缺点的挡箭牌和托辞。你曾经注意过吗？有多少人“欣赏”自己不良的健康状况而安之若素，并把这种状况作为一个不健康的轴心，让自己的整个生活都围绕着它运转？

威廉·詹姆斯曾说过：天才的实质就在于知道该忽视哪些东西。为什么不把这条规律应用来对待你的困难呢？忽视那些鸡毛蒜皮的问题吧！当大的困难准备向你告辞时，你就敞开大门让它们出去！有人问演员瓦尔特·汉普顿，英语中哪个句子他认为是最难忘的。他从古老的黑人的圣歌中摘引出一句话：“谁也不知道我所见到过的困难！光荣啊，哈利洛亚！”

在这句话里闪烁着夺目的光彩。他们承认人生是充满痛楚、忧伤和苦难的，但是他们却勇往直前，欢呼雀跃——最后两个词回响着他们神圣的信念，人的精神力量能使他们战胜忧伤。

这就是遇到困难时我们应当汲取的力量。因为对所有的人来说，困难是一定会出现的，但是我们可以努力去克服它，漠视它，更加关注那些令人振奋的事情。

身处逆境时保持积极乐观的态度

1939年，德国军队占领了波兰首都华沙，此时，卡亚和他的女友迪娜正在筹办婚礼。然而，卡亚做梦都没想到，他和其他犹太人一样，光天化日之下被纳粹推上卡车运走，关进了集中营。

卡亚陷入了极度的恐惧和悲伤之中，他在不断地遭到摧残和折磨，情绪极不稳定，精神遭受着痛苦的煎熬。

同被关押的一位犹太老人对他说："孩子，你只有活下去，才能与你的未婚妻团聚。记住：要活下去！"

卡亚冷静下来，他下定决心，无论日子多么艰难，一定要保持积极的态度和情绪。

所有关在集中营的犹太人，他们每天的食物只有一块面包和一碗汤。许多人在饥饿和严酷刑罚的双重折磨下精神失常，有的甚至被折磨致死。

卡亚努力控制和调适着自己的情绪，把恐惧、愤怒、悲观、屈辱等抛之脑后，虽然他的身体骨瘦如柴，但他的精神状态却很好。

5年后，集中营里的人数由原来的4000人减少到不足400人。纳粹将剩余的犹太人用脚镣铁链穿成一长串，在冰天雪地的隆冬季节，将他们赶往另一个集中营。许多人忍受不了长期的苦役和饥饿，最后横尸于茫茫雪原之中。

在这人间炼狱中，卡亚奇迹般地活了下来。他不断地鼓舞自己，靠着坚忍的意志力，维持着衰弱的生命。

1945年，盟军攻克了集中营，解救了这些饱经苦难、劫后余生的犹太人。卡亚活着离开了集中营。

若干年后，卡亚将他在集中营的经历写成一本书，他在前言中写道："如果没有那位老者的忠告，如果放任恐惧、悲伤、绝望的情绪在我的心间弥漫，很难想象，我还能活着出来。"

是卡亚自己救了自己，是他用积极乐观的情绪救了自己。

在研究如何保持积极的态度的问题时，詹姆斯·怀特等心理学家提出了"利导思维"的概念。所谓利导思维，就是把一切思考导向对自己有利的方面，也就是遇事往好的方面考虑，尽想些愉快的事情。

利导思维是一种乐观的思维方式，反映了一个人积极向上的生活态度。经常进行利导思维对人有很多好处：一是有利于人的身心健康。二是有利于克服困难，战胜挫折，身处逆境仍坚持乐观。三是有利于搞好人际关系。

那么，深处逆境之中的时候，我们该怎样进行利导思维呢？如下建议可供参考：

（1）凡事多从正面理解

很多事情，既可以从正面理解，也可以从反面理解。有一句格言："生活有风浪并无恶意，它只是要我们更坚强些。"这是教我们从正面去理解生活的风浪。

（2）在不利的事情中看到有利因素

利导思维教我们睁大眼睛从不利的事情中寻找美好，发现美好，提取美好，放大美好。

俗话说："失败是成功之母。"不管是暂时的挫折还是逆境，都不会在一个人意识中成为失败，只要这个人把挫折当作是一种教训。对于那些积极心态的人来说，每一种逆境都隐含着一种等量或更大的利益种子。对于有积极心态的人来说，身处逆境，可以磨炼一个人的意志，陶冶一个人的情操，升华一个人的精神。

（3）改变认知的角度

看问题的角度不同，所看到的东西就不一样，由此而产生的心理感受也是大相径庭的。有一个故事：几年前，电视转播音乐大师梅达的音乐会。梅达出场前被挂了一个花环。当他上台起劲地指挥乐队时，花瓣纷纷落到脚下。一位男士有点儿忧伤地说："到完了的时候，他脖子上只会挂着一道绳索。"而一位聪明的女士则议论说："等他指挥完，他会站在一堆可爱的花瓣之中。"

两个人的视角不同，看到了截然不同的情景：男士看到的却是"一道绳索"，而聪明的女士看到的是"可爱的花瓣"。可见，只要改变了认知角度，就会产生完全不同的感受。

（4）调整比较的对象

从前，有一个盲人性格十分开朗，生活非常愉快。有人问他："作为一个盲人，你不感到痛苦吗？"盲人回答说："我痛苦什么呢？和聋子相比，我能听见声音；和哑巴相比，我能说话；和下肢瘫痪的人相比，我能行走。"

眼睛失明了还丝毫不痛苦，这是因为他调整了比较对象和方法，是用自己的优势去比人家的劣势，用自己的长处去比人家的短处。这样相比，比出了自豪感，比出了优越感。

（5）优化自己的情绪

思维方式影响一个人的情绪。比如利导思维产生积极的情绪体验，而

弊导思维则产生消极的情绪体验。反过来，情绪也会影响思维。积极的情绪推动利导思维，而消极的情绪则拉动弊导思维。比如，自卑者看不到自身的优点，看到的全是缺陷与不足；抑郁症患者的眼里没有明媚灿烂的春光，只有萧瑟凄凉的秋风。

因此，我们要培养正面的、积极的、良好的情绪，消除负面的、消极的、恶劣的情绪，以便利导思维的顺畅展开。

淡化痛苦和悲伤，战胜生活中的不幸

几乎所有的人都会在生活中遇到或大或小的“不幸”。然而更不幸的是，很少有人知道该怎样做才能帮助我们度过这些个人生活中的不幸遭遇。

悲痛常常被人们误解，一些人不知道克服痛苦需要时间，具体时间的长短决定于所受损失的具体情况。

亲人因病而慢慢死去或婚姻逐渐恶化，这些所引起的悲痛都是在预料中的。遭此不幸者的悲痛历程在亲人实际离去以前很久便开始了，而亲人离去后情绪的骚乱却只有几个星期或几个月。

如果死亡突然降临到亲人头上，或者人们被迫面对一些不可预料的悲剧，诸如可怕的车祸之类，那么，悲痛会持续一年甚至几年。需要清楚的是，悲痛不是一种心理疾病，只有很少的时候才是这样。身心被失眠、焦虑、恐惧、愤怒和悲哀的思想所占据，这些都会使你有“近于疯狂”的感觉。实际上，其中的每一种情绪都是悲痛过程中很正常的一部分，懂得这一点是很重要的。

在悲痛的最初阶段，人们常常徘徊于镇静或哀伤之间。人们不相信所发生的事情并感到迷惑，渐渐地，抑郁、悲痛占据了心胸，而这将影响一个人今后几个月的生活。

一切都会成为悲剧的提醒物，丧失了配偶的人会注意每一对手拉着手的夫妇，幸福的人仿佛到处都是，被孤立的感觉更加强烈了；假如你不幸流产了，那么街上的每个小孩儿都像是在和你说话。

悲伤的人们考虑自己超过考虑任何别的事情。他们会躲避一些熟悉的朋友和地方，直到随着时间的流逝，他们对那些痛苦的提醒物变得不再那么敏感。

人们需要以各自不同的方式度过不幸时期。下面的几点建议可供借鉴：

(1) 从事一些能够排解悲痛的活动

对大多数人来说，同自己的知心朋友谈话是排解和医治悲痛的行之有效的方法。事实证明，自我封闭只会加剧你的痛苦。友情可以医治心灵创伤，信仰和信念也是使你摆脱哀伤的一种强大力量。先前喜爱的工作或别的活动也会帮助你战胜痛苦，而工作有着巨大的治疗价值。明确自己对他人应承担的义务，你便会发现自己内在的力量，因而增强信心和勇气。切记，你不可过分怜惜自己，不可让哀伤永远迷漫你的心胸，这样，你的生活就会渐渐抹去悲哀的泪影，一切都会明朗、正常起来。

(2) 强迫自己有规律地做些事

如果你一定要留在家里，那么就为自己列个时间表，按时间表有规律地生活，尽管开始时你只能做些小事情。如洗洗衣服、买点儿水果，或做一次长途散步。在心情抑郁时进行体力活动是困难的，但这对你心灵恢复到愉悦状态却是非常有益的。甚至你也可以在玩纸牌、音乐会、电影或一本有趣的书中找到慰藉。你应该逼迫自己做些事，直到正常的生活秩序重新建立起来。

在不幸的悲伤时期，一些自我照顾行为同样是很有帮助的。临睡前洗个热水澡；把餐桌布置得漂亮些，即使一个人吃饭时也这样；天气好时在外边晒晒太阳；买一束鲜花……这些小事都会使你觉得轻松愉快些。

(3) 把眼光放在未来

有些时候，能够使我们生活下去的只是这样一种认知，即，人类能够将一些有害或丑陋的东西转化为一种积极而有价值的东西。作为纳粹集中营的囚犯，维克多·福兰克的经历是十分令人激动和鼓舞的，福兰克全家都在一次大屠杀中被杀害了，然而，他仍然找到了支撑自己活下去的力量。

当法西斯暴行施加到他身上时，福兰克坚定地抱着一个理想，这理想给了他力量。他想象自己在战后站在一个班级学生的面前，正在给学生们讲述关于在不幸中能够发现的真理。福兰克决定忍受令人恐怖的一切，而这些将来会变成很有价值的东西。他引用一位哲学家的话，自豪地宣告：“那是不能毁灭我的，它使我变得更坚强。”

罗伯特·哈罗德·卡什诺在他的畅销书《当不幸降临到善良的人们》一书中告诫我们：我们不应该总是把眼光落在过去和痛苦上。不应该总是自问：“为什么不幸偏偏降到我头上?”代替这话的应是面向未来的问题：“既然这一切已经发生，我应该做些什么?”

关注现在所发生的事，排除虚构的干扰和烦恼

著名心理学家伯尔赫斯·斯金纳提醒我们：“不管环境的变幻，我们必须维持同样的态度。”

对不存在的东西（除非存在于你的想象中）进行情绪反应的坏习惯，常常会引起我们的烦恼、不安与紧张。我们许多人不会对实际环境中的小刺激做出过分的反应，而却在想象中虚构出稻草人，并且在自己的心理图像里做情绪的反应。除了实际存在于环境里的那些反面外，我们自找麻烦地加进自己的反面：即或许会发生这个或那个、如果发生某某事情时怎么办。在烦恼时，许多人会造出心理图像：猜想环境里，或许会发生哪些不利的事，然后对那些反面的图像进行反应，仿佛它们是目前的实际东西。记住你的神经系统无法分辨出真正的经历或生动想象出来的经历。

对于不实问题的扰乱，你可以利用不做事的方法（拒绝反应），而不是利用做某些事的方法，“静化”你自己。就你的情绪来说，对忧虑图像的适当反应，是完全不去理睬它。在情绪上，你要生活在今日，并且分析你的环境，认识那些存在于环境里的真实物，然后自然地进行反应。为了要做到这一点，你必须全心地注意现在所发生的事，要全神贯注，这样的反应一定是恰当的反应。而对于虚构的环境，你就不会有时间去注意或反应了。

为了减少干扰和烦恼，心理学家建议我们学会随时采取下面的措施：

（1）练习“不反应”

内心的纷乱，或者说宁静的反面，它的起因几乎都是由于过度的反应，也就是由于过分敏感的“警觉反应”。当你练习“不反应”，也就是练习当电话铃声响的时候，你可以产生内心的镇定剂，或竖起心理的帐幕，将你与刺激物隔开。

（2）练习拖延的习惯性、自动的、不思考的反应

习惯性、自动的、不思考的反应，可以使你除掉过度反应的老毛病，这样就能在很大程度上减少干扰和烦恼。

（3）学会轻松

轻松是自己的自然镇定剂，轻松就是指不反应。每天练习身体的轻松，可以使你在日常活动中需要用到不反应的时候，照着你平日轻松的方法去做。

（4）用你的想象力练习各种不同情况中的不反应

利用你的想象力勾画一幅心理图画，想象自己正坐在那里，静静地、泰然自若地不为外物所动。然后，将这幅图画记在心里，并且将平和、泰然自若、不为所动的态度“搅拌”进你日常的活动中。无论何时你要对铃声做恐惧或焦虑的反应时，对自己说：“现在我让铃声一直响下去。”然后，用你的想象力练习各种不同情况中的不反应。例如：想象你的同伴对你叫嚣、咆哮时，你静坐着不为所动；想象你一件件地处理日常事务，不管忙碌日子的压力，你镇定地、泰然自若地、不慌不忙地做；想象你不顾环境里的各种“催促铃声”与“压力铃声”，我行我素地继续这种稳定不变的方向；想象你现在正处于那些过去会令你不安的情况里，现在你已经能够无所反应地保持“稳定”、均衡与不动。

（5）使用精神空调

你的身体里面有一个调温器。这种辅助机器，不管外面环境的温度如何，能使你永远保持 36.5℃的正常体温。外面的气温或是冰点以下，或是40℃，可是你的身体照样保持它原有的温度——永远 36.5℃。它能在环境里适当地发挥它的功能，因为它是应对环境的最佳气温，不管严寒或酷热，它永远维持它的温度。

你的心里也有一个精神调温器，不管周围的情绪气候如何，它能使你维持情绪的正常气候与气温。很多人不会利用这个精神调温器，因为他们不知道自己有这种东西；他们也不知道这个东西有能力帮助自己；他们更不知道根本不须自己去应对外面的情绪。但是，你的精神调温器对你的情绪健康的必要性，与你的身体调温器对你的身体健康是不相上下的。

从某种程度上可以说，任何一天都有好与坏——没有哪一天、哪种环境是百分之百的“好”。这个世界上和我们的私人生活中，不断出现的各种因素和“事实”，它们不是体现出一种悲观、抱怨的看法，就是一种乐观、快活的看法，这完全取决于我们的选择。只要我们调整好了心态，做出了正确的选择，就能改变生活，创造美好灿烂的未来。